U0221206

建（构）筑物坍塌搜救技术培训

初级学员手册

中国地震应急搜救中心　著

地震出版社

图书在版编目（CIP）数据

建（构）筑物坍塌搜救技术培训初级学员手册 / 中国地震应急搜救中心著 .
-- 北京 : 地震出版社 , 2021.9
ISBN 978-7-5028-5302-0
Ⅰ . ①建… Ⅱ . ①中… Ⅲ . ①建筑物—坍塌—救援—技术培训—教材
Ⅳ . ① TU746.1
中国版本图书馆 CIP 数据核字 (2021) 第 099658 号

地震版 XM4807/ TU（6110）

建（构）筑物坍塌搜救技术培训初级学员手册
中国地震应急搜救中心 著
责任编辑：凌 樱
责任校对：鄂真妮

出版发行：地 震 出 版 社
北京市海淀区民族大学南路 9 号　　邮编：100081
发行部：68423031　　传真：68467991
总编办：68462709　68423029
http://seismologicalpress.com
E-mail：dz_press@163.com
经销：全国各地新华书店
印刷：河北文盛印刷有限公司

出版发版（印）次：2021 年 9 月第一版　2021 年 9 月第一次印刷
开本：787 × 1092　1/16
字数：267 千字
印张：11.25
书号：ISBN 978-7-5028-5302-0
定价：68.00 元

编 委 会

基地化培训教学管理丛书

学员手册

前言

我国是世界上自然灾害最为严重的国家之一，各类事故隐患和安全风险交织叠加。随着影响公共安全的因素日益增多，灾害事故已严重影响和制约了经济的持续稳定发展，并成为影响社会安全的重要因素。特别是当前新能源、新工艺、新材料的广泛应用，使灾害事故愈加多样化、复杂化，极易引起次生、衍生灾害，产生连锁反应，形成复合灾害，因此抢险救援难度加大，对灾害事故处置的方法、手段、技术、装备以及救援的专业化水平也提出了更高要求。

党的十八大以来，以习近平同志为核心的党中央对应急管理工作高度重视，十三届人大一次会议表决通过了国务院机构改革方案。整合国家应急救援力量，组建了应急管理部，实现由“单灾种”的条块管理向“多灾种”的综合管理、综合减灾、综合救灾的转变。为适应“全灾种、大应急”的工作要求，推动综合性消防救援队伍能力的建设，国家将在原有8个国家级区域陆地搜寻基地的基础上，规划建设更具规模、更富实战经验的集战勤保障、紧急救援和专业化培训于一体的区域救援中心。基地化培训将成为提升各级救援队伍专业救援能力的重要途径和平台。

为规范基地化培训的教学管理活动，国家地震紧急救援训练基地总结了多年来基地化教学、培训、管理的经验与教训，集合教官团队的力量，组织编写了《基地化培训教学管理丛书》，包括：学员手册、教官手册、评估手册等，旨在为同类型基地开展陆地、山岳、水域等领域的培训，提供一些可供借鉴且适用的参考资料。

由于我们的经验和水平限制，丛书中难免有不当之处，敬请同行们指正。

丛书主编：贾群林

2020年11月

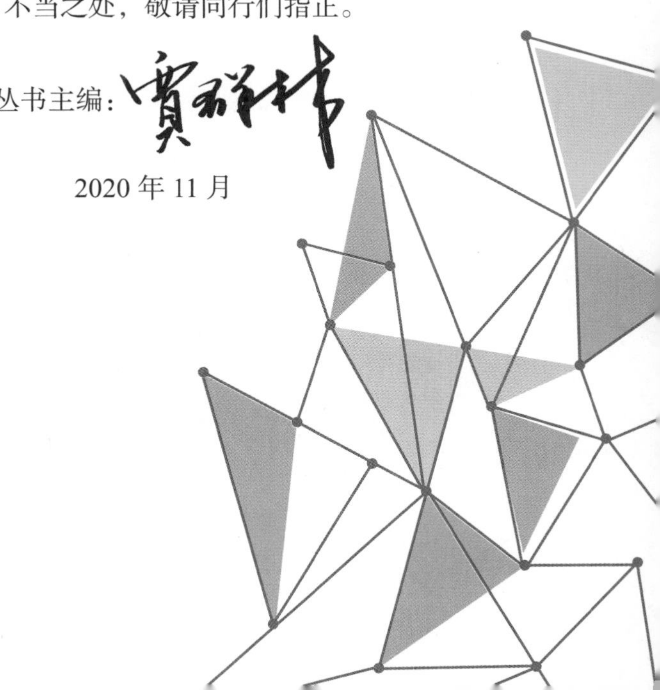

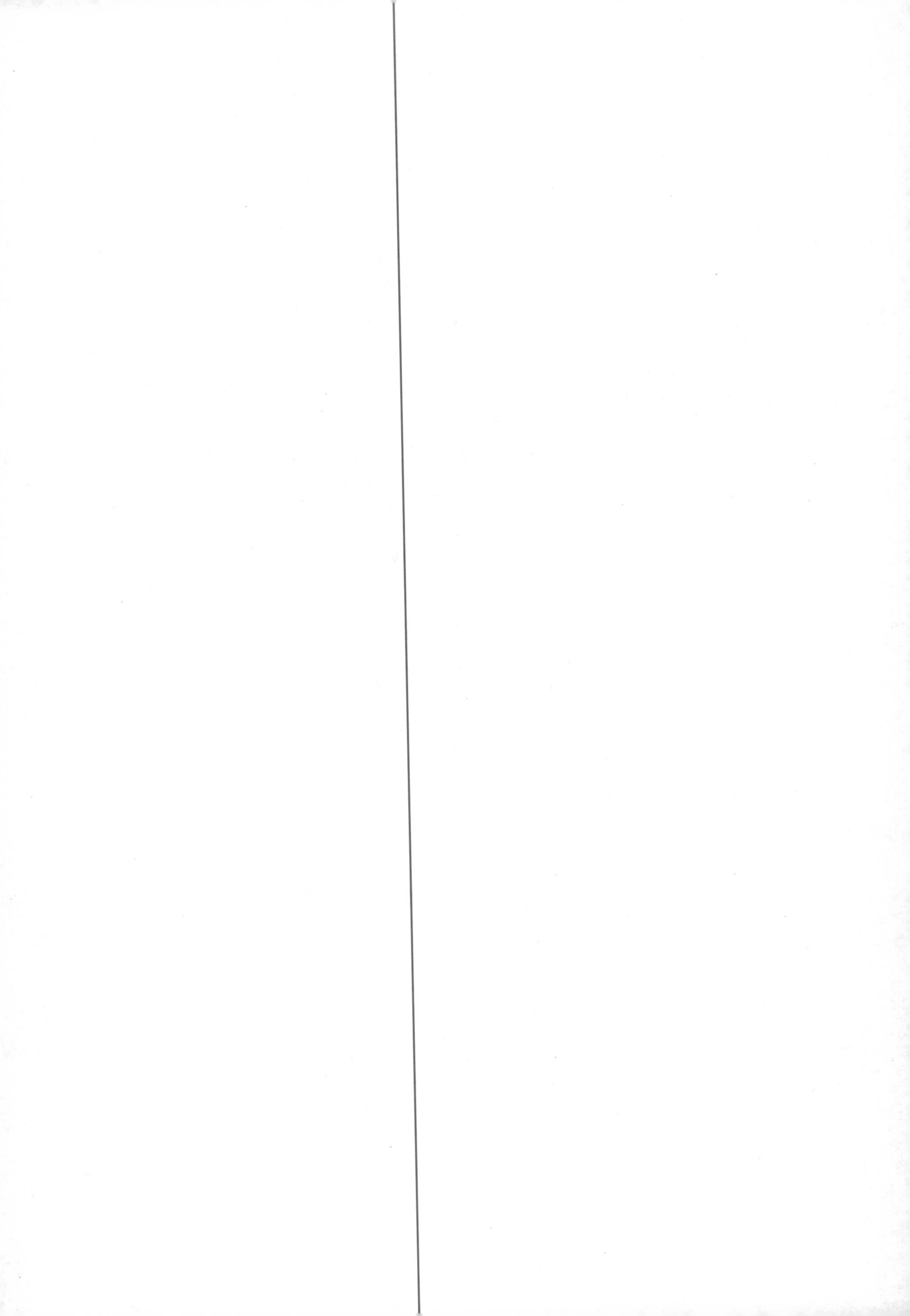

目 录

第一章 建（构）筑物坍塌救援行动概论

第二章 建（构）筑物结构基础知识

第三章　安全管理概论

第四章　救援装备概论

第五章　灾害心理学概论

第六章　建筑物坍塌生命搜索定位技术

第七章　建筑物坍塌现场的医疗急救

第八章　顶升救援技术与装备操作

第九章　破拆救援技术与装备操作

第十章　救援支撑技术与装备操作

第十一章　绳索救援技术与装备操作

第十二章　障碍物移除技术与装备操作

第一章

建（构）筑物坍塌救援行动概论

简介和概述

本章重点讲述了什么是建筑坍塌救援行动。

本章结束时，你能了解现场救援行动的全过程及各阶段的主要任务，包括：

◎ 了解救援队伍分级与能力评价体系

◎ 掌握救援行动的基本程序、方法及步骤

本章讨论和实践的主题包括：

◎ 建筑物坍塌应急救援的主要特点

◎ 建筑坍塌救援队的组成和职能

◎ 准备与启动

◎ 基础建设

◎ 现场救援

◎ 应急救援组织与指挥

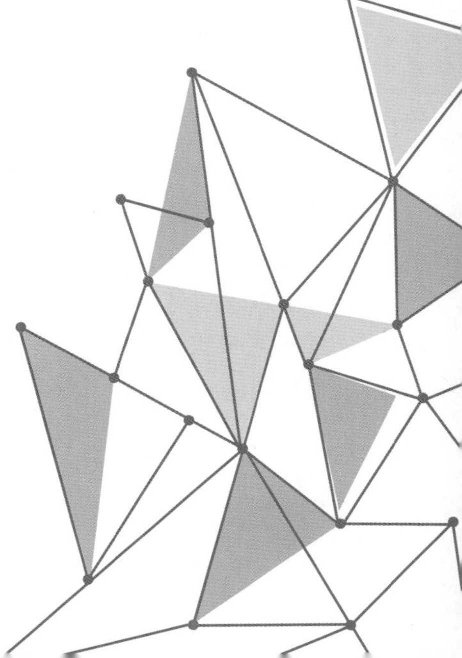

第一节 建筑物坍塌应急救援的主要特点

一、救援时间要求急迫

据有关研究显示，地震后获救时间越短，救活率越高。资料显示，震后 20 分钟获救的救活率达 98% 以上，震后一小时获救的救活率下降到 63%，震后 2 小时还无法获救的人员中，窒息死亡人数占死亡人数的 58%。

据统计，在唐山大地震和汶川地震后的抢险救灾中，半小时内救活率为 95%，第一天救活率为 81%，第二天救率活为 53%，第三天救活率为 36.7%，第四天救活率为 19%，第五天救活率为 7.4%。

国内外救援案例表明：

震后半小时内获救：95% 以上救活率；

震后 1 天内获救：80% 左右救活率；

震后 2 天内获救：50% 左右救活率；

震后 3 天内获救：35% 左右救活率；

震后 4 天内获救：20% 左右救活率；

震后 5 天内获救：不足 10% 救活率。

以上数字说明，在抢救生命的过程中，时间就是生命，耽误的时间越短，被埋压人员生存的希望就越大。随着获救时间的推移，其救活率也快速下降，如图 1–1 所示。

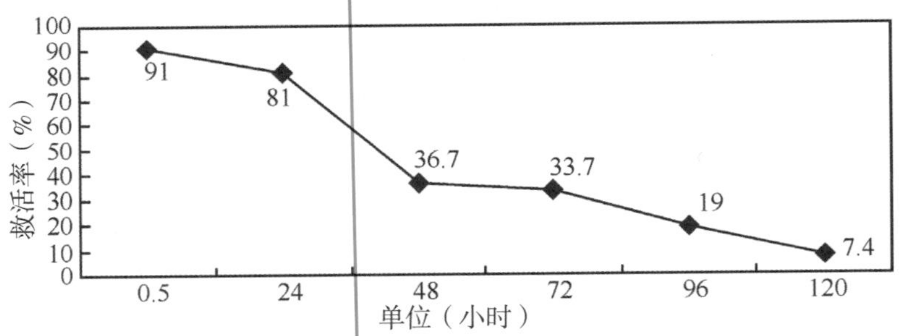

图 1–1　地震救活率

应急救援对救援人员来说心情急切，要求快速；对被埋压者家属来说更是心急如焚，充满期待；对被埋压者来说时间就是生命，所以救援人员有非常大的时间要求压力，如图 1–2 所示。

图 1–2　心急如焚的家属

二、救援现场受埋压情况千差万别没有规律

在救援现场，由于房屋建筑类型不同，破坏程度和破坏特点差异很大，所以被埋压人员的情况千差万别，没有一定规律，势必增加了救援的难度，如图 1–3、图 1–4 所示。

图 1–3　房屋破坏及埋压情况差异很大

图 1–4　被埋压人员的情况千差万别

三、救援现场环境复杂

（1）余震。以建筑坍塌现场救援为例，其环境复杂，首先是余震不断。截至 2009 年 4 月 23 日 12 时，汶川 8.0 级地震共记录到余震 52604 次，其中 4.0 级以上余震 297 次，最大余震为 2008 年 5 月 25 日 16 时 21 分的青川 6.4 级地震。截至 2010 年 4 月 19 日 12 时 00 分，青海玉树共记录到余震 1213 次，其中 6.0~6.9 级地震 1 次，4.0~4.9 级地震 3 次，3.0~3.9 级地震 8 次。

由于许多被埋压人员的房屋建筑经历地震后处于亚稳定状态，因此在余震作用下可能再次发生破坏而造成人员伤害。广坪镇金山寺村四组王显勤的两层楼房在遭受 3 次地震袭击后完全倒塌，如图 1–5 所示。

5月12日地震后

5月25日余震后

5月27日余震后

图1-5 经历3次地震袭击后的两层楼房

（2）次生灾害。比如滑坡、火灾、泥石流等，如图1-6所示。

滑坡

火灾

泥石流

图1-6 地震引发的次生灾害

（3）空间环境。很多破坏的房屋建筑所处空间狭小，大型救援设备无法采用，增加了救援的难度，如图1-7所示。

图1-7 地震引发房屋破坏

（4）气候环境。比如在汶川地震发生后连续几天下雨，玉树地震后救援队要面对高原缺氧、夜晚寒冷等不利的救援环境等。

第二节 建筑坍塌救援队的组成和职能

一、建筑坍塌救援队的组成

建筑坍塌救援队伍大体可分为管理层和执行层，并按以下的组织结构组建，如图 1–8 所示，其中轻型队可根据实际情况一人兼多个职位。

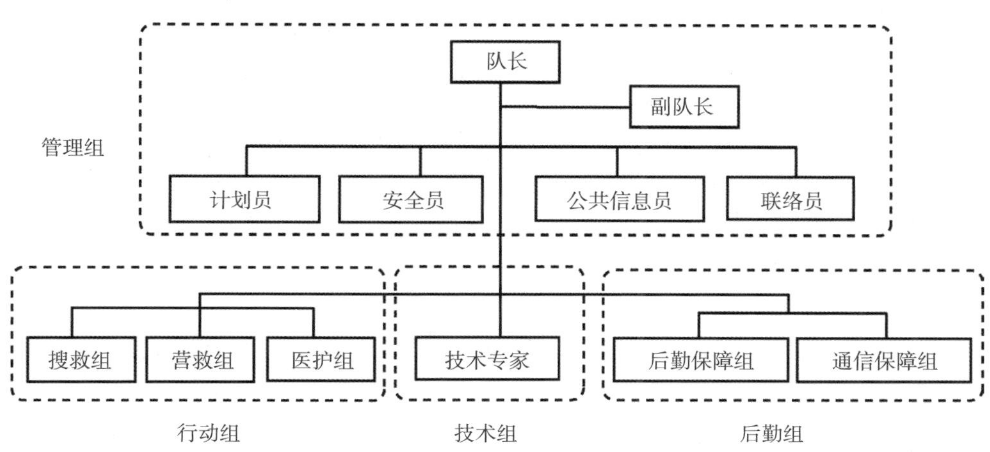

图 1–8 建筑坍塌救援队的组织结构

二、建筑坍塌救援队的职能和岗位职责

1. 职能

建筑坍塌灾害事故紧急救援工作面临着建筑物结构金属构件和钢筋含量大、房屋建筑物瓦砾移除量大、受损建筑物潜在倒塌危险性大等诸多不利于开展搜索救援行动的严重局面。因此，建立具有经过严格训练的高素质建筑坍塌救援人员和配备先进搜索救援装备的建筑坍塌灾害紧急救援专业队伍是十分必要的。参照国际城市搜索救援顾问组的建议，建筑坍塌灾害紧急救援队应具备如下基本职能：

（1）评估和监控受到损坏的房屋建筑物和构筑物在救援期间的危险性。

（2）监控地震灾害所波及的危险物资。

（3）实施物理搜索、电子搜索和犬搜索等技术搜索被困人员。

（4）熟练运用破拆、顶升和支撑等营救技术开展营救行动。

（5）为建筑坍塌灾害事故伤员提供紧急医疗处置、救治和转移。

2. 岗位职责

建筑坍塌救援队的岗位职责，如表 1–1 所示。

表 1–1　建筑坍塌救援队的岗位职责

序号	组别	岗位	职责
1	管理组	队长	负责队伍的日常管理和救援行动中的组织指挥
		副队长	负责协助队长完成相关职责，队长不在时行使队长职责
		计划员	负责记录会议、事件信息和制定长、短期规划
		公共信息员	负责信息收集整理及向媒体发布救援信息
		联络员	负责以联络人身份参加现场指挥部工作会议，接受指挥部和上级领导的工作计划和行动命令
		安全员	负责搜救行动中的安全管理工作
2	行动组	搜索组	负责通过人工、犬、仪器等技术手段，开展生命探测、搜索与标识
		营救组	负责通过破拆、切割、支撑、顶升、搬运等技术手段，营救受困人员
		医护组	负责救援队员自身及搜救犬的健康，并对被救者进行紧急救护
3	技术组	危化品专家	负责评估危化物质等工作
		工程结构专家	负责向救援队提供建筑工程结构安全风险评估等工作
		起重专家	负责向救援队提供起重方案及技术支持等工作
4	后勤组	后勤保障组	负责对救援队提供食物、住房、工作场地和运输等保障
		通信保障组	负责开发并提供通信计划，维护通信设备

三、建筑坍塌救援队的分级与规模

1. 分级

建筑坍塌救援队分为轻型、中型和重型三级。 轻型救援队具备在砖混建筑结构、轻型框架结构倒塌建筑物环境下进行搜索和救援的能力。轻型救援队规模一般不少于 18 人。中型救援队除具备轻型救援队行动能力外，还应具备在重型木质结构、无钢筋的砖石、有钢筋的砖石和脊型屋顶的砼结构建筑物倒塌和破坏环境下进行搜索和救援的能力。中型救援队规模一般不少于 30 人。重型救援队除具备中型救援队行动能力外，还应具备在钢筋砼或钢框架结构建筑物倒塌和破坏环境下进行搜索和救援的能力。重型救援队规模一般不少于 60 人。建筑坍塌救援队分级的基本要求，如表 1–2 所示。

表 1–2　建筑坍塌救援队能力分级表

功能	能力	重型	中型	轻型
管理	队伍领导	√	√	√
	队伍配备安全员和警卫人员	√	√	√
	选择并任命执行任务的联络员	√	√	√
	建立地震信息搜集和灾害分析系统	√	√	√
	与现场行动协调中心和地方应急事务管理机构协调能力	√	√	√
	能够启动临时接待、撤离中心和临时现场行动协调中心的运作	√	√	不要求
	对所有操作任务准备充分，并有详细的行动计划	√	√	√
	建立同地方政府主管部门交流灾害信息的机制	√	√	√
	通过虚拟现场行动协调中心同其他救援队伍交流信息	√	√	√
	完成并递交救援队伍信息资料	√	√	√
	形成正式的评估和搜救结果总结报告，并且能每天向虚拟现场行动协调中心及时更新	√	√	√
	按照相关要求确保救援人员得到培训	√	√	√

续表

功能	能力		重型	中型	轻型
保障	行动基地	饮用水储藏 / 过滤能力	√	√	√
		食品保障能力			
		人员和设备庇护所搭建能力			
		公共卫生保障能力			
		安全保障能力			
		维护能力			
	在请求援助后 2 小时之内出发		√	√	√
	执行任务期间能够自给自足		√	√	√
	在受灾地区持续工作时间		24 小时 / 10 天	24 小时 / 7 天	12 小时 / 3 天
	运输工具（能够往返和在受灾区活动的空中或地面交通方式）		√	√	不要求
	队伍必须具备一定的沟通信息能力（国内队伍内部、队伍之间）		√	√	√
	执行任务时互联网的畅通		√	√	不要求
	确保 GPS 的连接和使用畅通		√	√	√
搜索	人工搜索能力		√	√	√
	犬搜索能力		√	其中之一或两者	不要求
	技术仪器搜索能力		√		
	使用专业标记和信号系统能力		√	√	√
营救	破拆	从上向下穿透，进入狭小空间	√	√	不要求
		从下向上穿透，进入狭小空间	√	√	不要求
	切割	横向穿透墙体，进入狭小空间	√	√	不要求
		混凝土切割能力	√	√	不要求
		结构钢切割能力	√	不要求	不要求
		合金钢切割能力	√	不要求	不要求
		木料切割能力	√	√	√
	升降和搬运	复合升降能力	245MTKit	50MTKit	不要求
		能够水平移动荷载的能力	2.5MTKit	1MTKit	不要求
		能够利用当地起重设备升降负荷能力	20MTKit	12MTKit	不要求
	支撑	脚手架和楔子支撑能力	√	√	√
		垂直门窗支撑能力	√	√	不要求
		斜向支撑能力	√	不要求	不要求
	绳索	建立并使用垂直升降系统能力	√	√	√
		建立并使用水平移动系统能力	√	√	√
	多点同时作业		4 个作业点	2 个作业点	1 个作业点
	在受限空间内作业		√	√	不要求
医护	队伍和搜索犬医护		高级生命支持	高级生命支持	基本生命支持
	受困者的急救		高级生命支持	高级生命支持	基本生命支持

续表

功能	能力	重型	中型	轻型
安全评估	建筑工程结构评估能力	√	√	不要求
	危化品检测能力	√	√	不要求
	危化品隔离能力	√	√	不要求
	地震引发的其他次生灾害评估能力	√	√	√

第三节　准备与启动

一、准备

救援队伍在救援行动部署之前就应做好救援行动的充分准备，包括救援人员的个人装备保障、救援设备维护保养、启动和调动程序等。救援队管理层在救援行动之前必须做好各种部署，如建立人事资料档案等。救援人员赴灾区之前必须进行免疫，并且配备必要的个人装备，以保证他们在各种环境下的基本生活和工作条件。

救援队应建立一套启动和行动的培训及演练计划，以保证救援效率。培训也应根据需要开展和实施，以保证并提高救援人员的心理素质、体能和救援能力。

救援人员应掌握的搜寻和救援行动的基本知识如下：

（1）道德准则。

（2）安全和保护。

（3）危险物质意识。

（4）文化意识。

（5）外部事件压力管理。

（6）生存。

（7）身体调整。

（8）基本急救。

救援队应有一个书面的调动计划，规定启动和部署队伍的必要条件。该计划包括救援队伍及其所在国家或发起机构的通知程序、队员集结程序和地点、设备包装和装运计划。

关于队伍调动的有关事项必须充分地反应在计划中并经常演练。所有救援人员应有执行救援任务所需的个人装备以及必要的设备、工具和现场工作所需物资的补给。装运计划也包含在文件中，其中用飞机起运的装备和特殊物资，应计算其重量和体积。此外，也应做好地面运输的装运计划，分类将救援设备装配到卡车上。

救援队必须建立足以完成复杂的技术救援所需的设备库，包括破拆、顶升、搬运混凝土构件的设备以及救治队员、受害者和搜索犬的医疗用品和器材。救援队必须携带通信设备以保证队员、基地指挥部、远程指挥部、现场行动协调中心和地方机构之间的通信。救援队还必须准备足够现场所需的后勤保障物资。

救援队应具有在反应时间要求内可调用的库存设备计划及设备维护保养计划。该计划应包括：

（1）设备库存目录。

（2）定期进行工具和设备使用演练，保证救援时熟练操作。

（3）对于有规定寿命的设备、物资（电池、药品等）应定期更换。

（4）设备的检查、培训、维护等规程。

（5）救援行动或培训后设备检查、入库存放规程。

（6）建立工具和设备维护保养档案。

（7）库存设备的定期维护保养时间表。

二、启动

在灾情发生后，首先是当地政府或有关机构做出反应，需要国家和国际的援助时，应发出救援请求并提出所需的资源。受灾国在发出救援请求时向救援国通报有关灾情和需求是至关重要的。救援行动的早期阶段，救援队到达灾区前，通常时间紧急、信息有限，为此，救援队负责人必须及时向参救人员通报有关灾害现场的天气和环境情况，以准备适当的生存物资和装备。根据灾害的类型和使命不同，携带不同的救援装备。救援队负责人根据有关规定安排参救人员的免疫和启动前的准备工作，同时必须充分了解受灾国的安全状况。在行动计划中还应包括安全防范内容。

一旦收到书面的启动通知，救援队必须按预先制定的应急救援预案召集有关人员，在规定的时间内完成队伍集结。在启动命令下达后，救援队应在规定时间内到达始离地，在该时间内，要求救援队完成如下工作：

（1）评价搜索和救援队伍的准备程度。

（2）获得政府和有关部门的调动批准。

（3）开始搜集灾害现场的情报和进行资料处理。

（4）研究灾区有关卫生和健康情况。

（5）确定参救人员并向他们提供详细的任务信息。

（6）集合搜索和救援队伍。

（7）针对健康状况筛选救援人员。

（8）查阅受灾国入境要求。

（9）集中搜索救援设备和必要的运输资源。

（10）进行必要的媒体发布。

（11）将救援人员和设备运到指定的始离地。

（12）按照救援行动中先搜索后营救的顺序制定合理的装运计划。

（13）救援行动一旦启程，应及时向所有队员介绍以下情况：队伍组织结构、指挥系统、最新的灾难信息、道德准则、医疗问题 、环境状况、媒体问题和发布程序、安全和保护问题、通信程序、受灾国的政治背景、运输方式和启程信息。

（14）设备装箱应采用特殊颜色或编号的装备箱，以便于取用。

第四节 基地建设

现代灾害救援的理念不仅要求救援队能够对受灾人员实施安全、快速、高效地搜索和营救，而且对救援队自身的供给、保障等支持能力也有较高的要求，这是因为灾后现场的各种资源、设施受到不同程度的破坏，已难以保证外部救援人员的有关需求。因此，在抵达灾害现场的第一天，救援队一般都会建立自己的救援行动基地，使其在现场行动期间所需的各种保障与支撑条件得到保证，从而为救援行动的成功奠定基础。

一、救援行动基地的整体规划

大规模救援行动中（如大震巨灾情况下），会有本地或外部多支救援队参与救援行动。当地紧急管理机构和现场行动协调中心将根据灾害状况、本地资源支持条件、救援任务的需求、救援队数量及性质等情况，首先对救援行动基地的建立进行整体规划。

从近年来国际救援行动的现场组织情况看，救援行动基地的整体规划一般采用集中、分散、集中与分散联合三种模式。

1. “集中”模式

将所有参与行动的救援队安排在距受灾现场较近的某一安全区域，各救援队的基地相邻而设，现场行动协调管理机构也设立在此区域内；由当地紧急管理机构集中提供燃油、生活用水等物资。如 2003 年底伊朗巴姆 6.8 级地震国际救援行动中便是采取此种模式。

此模式适用于人员伤亡严重、受灾地域较集中且面积不大、救援队数量多且通信不畅的情况。当现场协调管理中心不能建立与多支救援队有效的通信联系时，此模式可便于救援行动的统一协调管理、信息发布和救援任务分派。其缺点是救援队从基地到达营救场地往往需花费一定的时间，尤其在没有充足的交通工具时，会使救援人员消耗无谓的体力。

2. “分散”模式

一支救援队在执行救援任务的场地附近选择安全地点建立自己的基地，并储备较充足的燃油与生活用水等物资。当转移到另一相距较远的地点时，基地也随之移动。

此模式适用于受灾地域分布广而人口聚集地较分散、救援队数量不多但功能齐全的情况，要求有充足的交通运输设备和有效的通信联络系统提供保障。当救援队之间需要相互协调援助时，其效率受限于彼此的距离。

3. “集中与分散联合”模式

此模式是上述两种模式的综合，可视具体情况有不同的表现形式：如一部分救援队集中在某一区域建立基地，其他则单独分散在较远的灾害场地；对于受灾害影响范围较大的大中城市环境，则可先划分几个灾害区域，每个区域由几支救援队集中在一起建立基地。

二、救援行动基地组成

救援行动基地是救援队在灾区的指挥和条件保障地，救援队员将在此度过最多两周的时间。在此期间，救援行动基地应具有为救援行动指挥、通信联络、医疗急救、装备存放、队员生活等提供支持的功能。

救援行动基地通常由基地功能区、基地设备、基地运转及保障人员三部分组成。

1. 基地功能区

在救援行动基地内，应设置的主要功能区有：

（1）指挥通信区：救援队指挥部与通信中心的所在地。

（2）医疗救护区：对幸存者、救援队员进行医疗处置的地方。

（3）装备存放区：携带的全部搜索和营救装备的存放、维护场所。

（4）后勤供给区：食品、水等存放、供给及加工处理的场所。

（5）队员集会区：救援队员集结、开会的场地，一般在基地内的空旷地段。

（6）队员生活区：队员休息、住宿的地方。

（7）搜索犬区：搜索犬食宿地点。

（8）车辆停放区：运输车、装备车等车辆的停放地点。

（9）基地进出区：人员、车辆进出口，一般与车辆停放区相邻。

上述功能区的大小与分布应根据基地场地情况、救援队的具体需求进行调整或删减。

2. 基地设备

基地设备是后勤保障设备的一部分，指用于基地建立、维持基地运转和保障队员生活供给等设备。

基地设备主要包括：

（1）基地区域标记器材：警示带、绳及其支杆、旗帜和旗杆。

（2）营地帐篷：分为专用帐篷和后勤保障帐篷两种，专用帐篷如指挥部帐篷、通信帐篷、医疗急救帐篷、犬帐篷等；后勤保障帐篷如食品加工 / 供给帐篷、库房帐篷、队员住宿 / 休息用帐篷等。各种帐篷除具有所需的功能外，还应能够适应灾区的气候变化。

（3）动力照明设备：包括发电机、场地照明设备、帐篷内照明设备和燃料桶等。

（4）办公设备：基地办公用品、工作用桌椅等。

（5）生活供给设备：饮食处理器具、洗漱用水袋、饮食物资（应考虑灾区的生活风俗、包含犬食）、供暖设备等。

（6）环境卫生设备：垃圾袋 / 箱、便携式厕所等。

（7）安全器材：如灭火器材等。

3. 基地运转及保障人员

基地运转及保障人员包括基地内专用功能区的值守人员、负责维持基地正常运转和生活保障的人员。基地保障一般应设置基地保障负责人、基地设备管理员、安全值班员、生活供给员等岗位，其数量根据基地规模及保障工作的需要确定。

三、救援行动基地建立

救援行动基地的建立一般按准备工作、场地选择、功能区布置、搭建四个步骤进行。

1. 准备工作

基地建立的准备工作开始于救援队决定实施救援行动后。应根据灾害现场的环境、气候和可提供的后勤资源条件，以及救援队实施行动的预计时间、救援队员的数量等因素，进行基地后勤保障设备的配置、运输准备和基地保障人员的组织，确定并提出基地所需场地面积、进出路线与所需的当地资源等。此项工作内容，一般都应在救援队行动预案中有明确的计划，并且对有关人员已进行了培训和演练。

2. 场地选择

在救援队向灾区行进途中，如有可能，应派先遣队先期抵达灾区，与现场行动协调中心、当地紧急事件管理机构联络，协商救援队行动基地场地的选择工作。

救援行动基地场地的选择应对如下内容进行评估：

（1）是否为现场行动协调中心和当地紧急事件管理机构提供的地点。

（2）区域大小是否满足需求。

（3）是否有安全保障。

（4）是否靠近救援现场。

（5）进出运输路线是否快捷、安全。

（6）周围环境情况，如高空是否有高压电线、相邻建筑物的稳定性等。

（7）场地情况，如地形地貌，在此建立基地所花费的时间是否足够短，有无可能在降雨后被水淹没等。

（8）当地资源支持情况，如水源、设备燃料、车辆、人力等提供的可能性等。

（9）通信方面的问题，如地形对其是否有不利影响等。

经评估并最终确定救援行动基地场地后，用图文方式记录评估结论。

3. 功能区布置

根据救援队的人员、装备、后勤物资、车辆和行动实施的需要，计算各功能区的占地大小，并绘制基地功能区平面布置草图。

救援行动基地规划的一般原则如下：

（1）根据使用性质分为两大部分，一部分为工作用的功能区，如指挥通信区、医疗救护区、装备存放区、车辆停放区、基地进出区；另一部分为后勤用的功能区，如后勤供给区、队员生活区、队员集会区，搜索犬区（搜索犬区可位于两部分交界处）等。上述分区要良好地保证搜救行动的效率和队员休息的效果。

（2）基地的进出口（大门）应面向道路一侧，根据需要可单独设置进口与出口。

（3）基地内如有道路，则应通抵医疗救护区、装备存放区及车辆停放区。

（4）队员生活区尽量位于基地内噪音最小的地段，卫生场所位于生活区一角的外侧。

（5）装备存放区占地面积应足够大，以便于装备取用、维护和装卸。

（6）发电机和燃料桶的放置应充分考虑噪声影响、维护方便和安全性等。

图 1–9 为场地条件允许情况下救援队行动基地的功能区布置示意图。

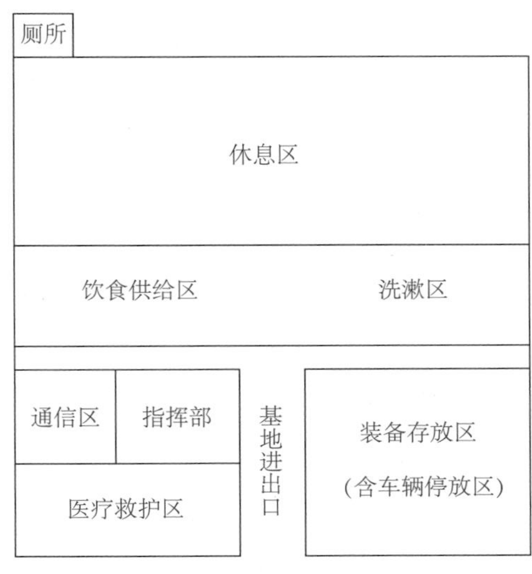

图 1–9　基地的功能区布置示意图

4. 搭建

救援队抵达灾区后，除及时接受任务和实施搜救行动外，还应分派部分人员根据基地功能区布置草图进行救援行动基地的搭建工作。

基地区的标记是指用警示带或绳等在基地边界处进行围护，以防止无关人员随意穿越基地；救援队的标记，如旗帜可悬挂在旗杆或基地进出口一侧的帐篷外壁上。基地区与救援队的标记工作一般在基地建立开始时进行，如场地形状不规则，亦可在功能区搭建之后进行，但要注意保持搭建过程中的安全警戒。

各功能区帐篷及其内置设备的搭建顺序可根据具体情况确定。当一个功能区搭建完成后，应在帐篷外面进行标记、编号，并注明责任人的姓名；队员生活区的帐篷，应标明在此住宿队员的姓名或编号。

在功能区设备架设安置中，通信系统除完成现场安装、调试外，还需进行其功能检验工作，如检验基地与远程指挥协调管理机构的通信联系情况，和灾区救援现场通信的有效范围，并制定异常情况下的应急通信措施；对于搜救装备，除清点、检查和合理摆放外，还应重新组装因运输而拆分的设备，补充机动设备燃料，对压缩气瓶进行充气，并建立现场搜救设备的记录档案；基地保障人员应准确了解燃料、水等现场后勤资源的提供地点和时间等信息。

基地搭建中的另一项重要工作是建立供电系统，包括发电机、电缆、照明设备（场地和帐篷内）、电源插座的布设，估算基地照明、通信、生活供给电器及其他用电设备的功耗和使用规律，合理地选择发电机型号和数量；发电机安置后应检验其噪声对基地运转的影响程度，场地照明设备的安置应考虑其有效照明区域；同时，须采取必要的安全用电措施。

基地搭建完成后，应重新修改或绘制基地平面位置图并在图上标注编号和标记，并向所有队员说明基地布置、功能和有关责任人以及基地安全方面的管理要求、规定等。

第五节 现场救援

一、行动规模

类似地震灾害这样的大规模紧急事件，其影响范围通常会在一个较大的区域内，有可能会覆盖很多城镇。因此，事件管理将由不同级别的机构承担，这取决于他们的职责。

一个国家或几个城市辖区内，受地震灾害影响的全部地域范围称作“影响区域”；影响区域内人口密集的城镇会有较多的建筑物破坏或倒塌，这些具体的单个破坏或倒塌建筑物称作“灾害现场”；救援队员在一个建筑物或倒塌结构物中的特定工作部位称作“营救工作现场”。

根据地震灾害的破坏程度、受灾国或当地紧急管理机构的要求，确定救援行动的规模。通常，救援行动分为轻、中、重三种类型。

二、救援队组织结构

根据救援行动规模确定救援队的组织结构，一般情况下，救援队的组织结构，如图 1-10 所示。

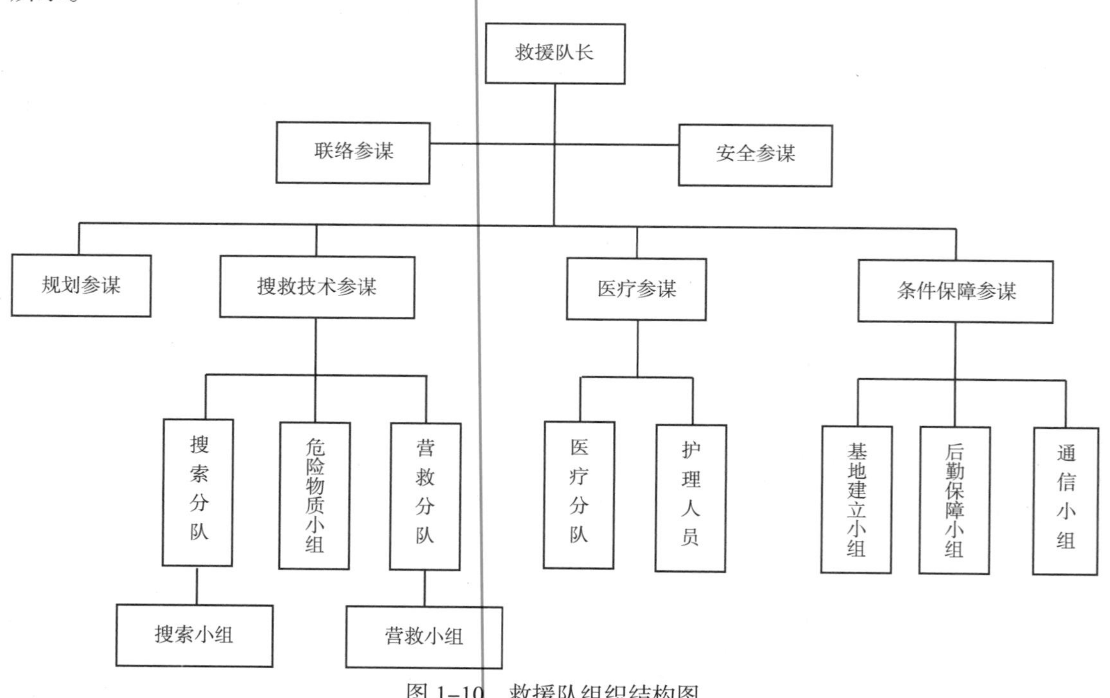

图 1-10 救援队组织结构图

三、救援行动的实施阶段

实施阶段的工作是与搜索、营救工作直接联系的，可分为六个过程。

1. 保护现场

实施此过程旨在为灾害现场内的救援人员、围观者、受害者提供尽可能地保护（减轻危险）。

2. 初始评估

该过程包括收集数据、宏观调查、分析灾情及确定搜救方案，随时调整或修改救援行动部署，初始评估过程由以下 5 个步骤组成。

第 1 步：一旦抵达现场，应与当地政府有关人员联络，收集与灾害分析有关的数据并进行救援需求分析，更新和调整在启动阶段所获得的信息；

第 2 步：设立救援队现场指挥中心；

第 3 步：确定行动内容，包括正常进出灾害现场的通道、行动方案编制和优先级别、可分派的物力和人力资源、与其他救援队或组织协调救援行动的方案或建议；

第 4 步：给救援队员分派任务；

第 5 步：根据现场重新评估结果进行必要的救援行动调整。

3. 搜索与定位

应用一系列专业技术手段进行人工、犬和仪器搜索工作，以获得受害者的反应或倒塌建筑物内部某些“空间”存在幸存者的线索。

4. 创建到达受害者的通道

通过移除建筑垃圾、破拆建筑构件，创建到达某个“空间”（已被确认存在幸存者）的通道。

5. 现场救治受害者

在压埋地点对受害者施救前，先进行基本的生命维持与医疗急救工作及必要的精神安抚，以增加其生存的机会。

6. 解救幸存者

移除幸存者周围的建筑垃圾，确保没有二次伤害的可能。如果需要，应进行支撑保护，以确保幸存者的安全。在营救出幸存者后，应将其送抵可进行更高级医疗护理的场所。

四、结束与撤离

当救援队完成搜救任务准备撤离时，应与现场行动协调中心（OSOCC）和地方应急事件管理机构（LEMA）取得联系，协商有关撤离事项。经同意后，清点、检查救援队携带的所有装备和基地设备，办理馈赠和移交手续，并完成运输准备等工作。撤离前，还应对基地进行一次环境清洁工作。

1. 撤离前

（1）队长应撰写救援队执行任务的报告，报告任务完成情况并与当地负责官员讨论救援行动的效果。

（2）队长也应向 OSOCC 报告任务完成情况。

（3）队长应与 OSOCC 和 LEMA 一起制定撤离计划，并将该计划送交给 OSOCC，该计划包括在开始返回前必须完成的工作以及撤离时间表。

（4）与 OSOCC 或 LEMA 协调，通知灾害现场的媒体机构，说明救援队撤离的原因。

（5）移交捐赠的设备和物资并将相关资料存档。

（6）队长应将撤离的有关信息上报给本国的相关部门。

（7）采取必要的卫生预防措施，对基地进行彻底清理。

（8）清点、检查所有的工具和设备，安排返程运输事宜。

（9）医疗人员应进行队员的总体医疗和身体状况评价，向队长提供有关撤离的建议。

2. 返回驻地

（1）完成救援行动总结的完整书面报告。

（2）全体队员进行总结汇报。

（3）对装备彻底清洁和消毒装备库，进行设备的更新和维护保养。

（4）协助媒体的采访和新闻报道。

（5）对所有队员进行全面的身体检查及事件压力状况的调查。

第六节　应急救援组织与指挥

救援队伍的应急救援组织指挥是队伍的管理层对灾难事故应急救援行动过程实施指挥控制的领导活动。队伍管理层组织应急救援行动，应把握应急救援的社会性、时效性、强制性、复杂性、机断性等特点，周密计划、统筹安排、科学指挥，力争将灾害损失降到最低限度，确保救援队伍安全、科学、有序、高效地完成救援任务。

一、指挥机构及行动编组

应急救援指挥机构是以指挥员及其指挥机关为主体的指挥实体，是为完成应急救援任务而建立的指挥组织体系。

根据实际救援任务需要，建立相应的指挥机构，形成相对独立和完整的指挥体系。根据任务和需要可建立基本指挥所、先遣指挥所、现场指挥所（部）和保障指挥所。

救援队的指挥员（官），应参与灾区本级人民政府建立的应急救援指挥的联合决策和指挥，将救援队伍融入现场指挥体系之中，统筹调动、统一指挥。

1. 指挥机构

（1）基本指挥所。

基本指挥所是全面掌握和控制救援队伍行动的指挥机构。通常由救援队伍的管理层领导和相关工作及保障人员组成，救援队伍在辖区内执行应急救援任务时，基本指挥所可在营区依托应急值守系统建立。当救援队伍远离辖区执行应急救援任务且动用较多队员时，基本指挥所随队伍机动。

基本指挥所的主要任务如下：

一是接受上级指示和地方政府的救灾请求，并根据上级指示和灾情需要，确定救援力量，部署救灾任务，指挥救援行动；

二是对救援队伍进行指导和监控，随时掌握灾情变化和救援行动进展情况，及时调整救援力量和协调救援队伍行动；

三是根据救援任务需要，及时为救援队伍调剂补充物资器材；

四是与当地政府应急指挥机构保持不间断的联系，及时向应急指挥机构报告救援队的救援情况，并通过应急指挥机构为救援队提供有关保障；

五是向主管上级请求、报告部队行动和救援情况。

（2）先遣指挥组。

先遣指挥组是为保障救援队伍能够迅速投入抢救作业而先于大部队行动便捷的指挥机构。通常在接到上级指示或地方政府请求后立即派出。一般由救援队副职率精干的指挥人员、搜救骨干及保障人员组成。

先遣指挥组的主要任务如下：

一是迅速与灾区地方党政领导取得联系，并协同现场应急指挥机构先期展开工作；

二是受领救援任务，了解掌握灾害事件的性质、规模及发展趋势，制定完成任务的方案；

三是协调现场各分队间及友邻单位间的行动和解决有关保障事宜；

四是救援队伍到达时，组织队伍展开先期救援作业。

（3）现场指挥所（部）。

现场指挥所（部）是直接组织领导救援队伍进行应急救援行动的指挥机构，通常由指挥员率队伍中的管理层人员组成。

现场指挥所（部）的主要任务如下：

一是根据应急指挥机构和基本指挥所赋予的任务，组织所属队伍及时展开救援行动；

二是为队伍救援行动提供各种保障；

三是随时掌握灾情变化和队伍的行动情况；

四是不间断地协调队伍的救援行动；

五是及时总结推广救援行动经验；

六是组织好救援行动的宣传鼓动工作；

七是组织前运后送；

八是机断处置救援行动中的各种紧急问题；

九是协助地方政府做好有关善后工作。

（4）保障指挥所。

保障指挥所是为应急救援行动组织各种保障的指挥机构，是应急指挥体系的重要组成部分。通常以后勤保障分队为主，会同队伍管理层有关人员组成，由后勤主管领导负责指挥。

保障指挥所的主要职责是装备器材保障、物资保障、运输保障、工程部医疗救护保障等。保障指挥所可一级建立，也可多级建立。

2. 行动编组

救援队伍遂行救援任务时，还应根据灾情和任务需要，进行必要的行动编组。便于救援队伍按照指令和预案有序开展救援行动。通常按以下几个方面进行区分和编组。

（1）抢险作业编组：实施救援作业是应急救援的主要任务。救援队伍执行应急救援任务时，应将主要力量用于救援行动并进行区分和编组。一般可分为突击救援组、排险清障组、现场勤务组。

（2）医疗救护编组：医疗救护是应急救援的重要力量，包括对灾民的救护和对救援队伍自身的医疗保障，由医疗部门的医护人员组成。根据情况和需要，通常实行伴随救护与定点救护相结合。

（3）后勤保障编组：后勤保障是应急救援行动的重要支撑和保障。通常由后勤部门（或保障分队）、装备技术部门等人员组成的。主要包括运输、器材、物资和技术保障组等。

（4）政治工作组：政治工作是完成应急救援任务的重要保障，在抢险救援过程中充分发挥政治思想工作，是保证救援行动取得成功的重要保证。执行应急救援行动的政治工作通常可编为宣传鼓动组、群众工作组、资料收集组。

二、指挥关系

救援队伍参加应急救援行动的指挥关系，是指参加应急救援行动队伍各级指挥机构上下级和友邻之间所形成的各种关系的总和。

遂行应急救援任务时，根据上级规定，救援队伍与地方政府、其他救援力量、所属队伍（分队）分别构成指挥、控制、指导、协调关系。救援队在行动中要坚持做到：在工作部署上以地方政府属地管理为主，实行统一领导；在行动组织上，以重点地区为主，实施统一筹划；在力量使用上以救援队为骨干，实施统一指挥，以提高指挥效能。

1. 救援队伍与应急指挥机构的关系

《中华人民共和国突发事件应对法》规定：“县级以上地方各级人民政府设立由本级人民政府主要负责人、相关部门负责人、驻当地人民解放军和中国人民武装警察部队有关负责人组成的突发事件应急指挥机构，统一领导、协调本级人民政府各级有关部门和下级人民政府开展突发事件应对工作”。

应急指挥机构与救援队伍之间构成指挥关系，救援队伍必须接受应急指挥机构的统一领导和指挥。救援队指挥员应主动向应急指挥机构报告救援行动进展情况，并积极出主意、想办法、提建议，当好助手和参谋。

2. 救援队伍与其他救援力量的关系

救援队伍自身与其他救援力量之间构成协调关系，必须强化主动协调意识，特别是与参加行动的各级各类救援队伍的密切协调。

当救援队伍成建制配属其他救援力量遂行救援任务时，与其构成配属关系，应接受配属单位的指挥。

当其他救援力量配属救援队伍遂行救援行动时，同样构成配属关系，救援队指挥员应加强对配属力量的指挥与控制。

3. 救援队伍内部力量之间的关系

执行应急救援任务的救援队伍内部建立垂直指挥体系，各队伍按建制构成指挥关系或根据命令构成配属关系，自上而下逐级指挥，特殊情况下也可以越级指挥；互不隶属的救援队伍共同执行应急救援任务时，按照上级明确的指挥关系实施指挥；上级没有明确指挥关系时，由事发地救援队伍的指挥员实施指挥，确保指挥顺畅。

三、指挥方式

指挥方式是指挥员实施指挥的形式。不同指挥方式各有不同的优点和缺陷，各有不同的用场和局限。指挥员及其指挥机关必须熟谙各种指挥方式，根据灾难事故应急救援的任务种类、灾情程度和现场环境等情况，灵活运用各种指挥方式方法，确保对救援队伍的有效控制，圆满完成救援任务。

1. 集中指挥与分散指挥

集中指挥也称统一指挥，是对所属救援队伍实施集中控制、统一协调的指挥，是应急救援指挥的基本方式，其实质是对救援队伍保持高度集中统一的指挥，一般由指挥员直接掌握和控制指挥权。

实施集中指挥，上级对下级不仅要明确任务，而且还要规定完成任务的具体时限、方法和步骤。在一般情况下，只有上级指挥员有权改变行动部署、任务、行动的时机和方向，下级未经批准不得擅自改变。

分散指挥也称指导式指挥，是指只给下级明确意图的任务，由下级独立自主实施的指挥。通常在分散行动或没有较可靠的通信联络手段时采用。

实施分散指挥，上级指挥员只给下级指挥员明确任务及完成任务的时限，下达原则性指示，提供完成任务所需的兵力、装备器材，不规定完成任务的具体方法、步骤。下级指挥员根据上级总指示和现场实际情况，独立指挥本级救援行动。

集中指挥和分散指挥两种方式各有优点和缺陷，在应急救援行动中，应根据具体情况区别对待，灵活应用，不能生搬硬套，真正做到“统放结合、集分适度”。

2. 按级指挥与越级指挥

按级指挥也称逐级指挥，是依照隶属关系逐级实施的指挥，也就是按照队伍的编制序列，实行从上至下阶梯式指挥，以维护正常的指挥关系。按级指挥是常用的指挥方式，其基本特征是逐级控制，各负其责。

越级指挥是指挥员在紧急情况下越过直接下级或下属数级实施的指挥。是一种特殊的指挥方式，通常在执行特殊任务和紧急情况下采用。

按级指挥与越级指挥是一般与特殊的关系。其区别在于两者指挥职权的直接作用层次不同，适用范围不同。但无论是按级指挥还是越级指挥，其着眼点都是有利于应急救援任务完成。在指挥中，按级指挥和越级指挥有时是相互交替使用和相互包容的，各级指挥员必须针对现场实际情况，把两者结合起来，以利于救援队伍尽快达成行动目的和要求。

3. 固定指挥与移动指挥

固定指挥也称定点指挥，是指挥员及其指挥机关在任务区域或救援队伍行动路线上选择并相对固定在一个或几个地点对救援队伍进行指挥。

这种指挥的实质是保持对救援队伍指挥的不间断性。固定指挥通常适用于灾情比较明确且险情顾虑不大时；任务区域大，点多、线长、面宽时；救援队伍行动路线、区域易掌握时；任务区域和行动方式相对稳定时。

移动指挥也称运动指挥，是指指挥员在运动中，在一定空间范围内对救援队伍现场救援实施的指挥。移动指挥通常适用于特殊条件下的抢险指挥时；担任应急抢险任务的指挥时；任务区域大且救援队伍行动距离较远不便于固定指挥时；灾情变化快、通信手段滞后时。

固定指挥与移动指挥是对立统一的关系，固定指挥强调救援队伍在执行任务时，按计划、时间、地点来进行，而移动指挥则强调救援队伍指挥完成任务的灵活性和机断性。在指挥实践中，采取固定指挥时，要防止事事都按计划进行；采取移动指挥时，应对指挥位置有预见和计划，防止盲目地变换指挥位置。各级指挥员要依据不同情况灵活运用固定指挥和移动指挥，以适应应急救援行动的需要。

4. 委托式指挥与协商式指挥

应急救援中的委托式指挥是对工程、防化、医疗、防疫等专业性强、任务点高度分散的分队，可通过规定任务和完成任务时限，委托行动地区或救援队指挥员实施指挥，保证行动的时效性和有效性。在应急救援任务中，这种指挥方式较为常见。

协商式指挥是指两个或两个以上指挥机构组成临时指挥机构时，可通过协作、协商活动实施对救援队伍的指挥。

5. 靠前指挥

在重要地区、关键行动或完成急、难、险、重任务时，主要指挥员应身临第一线，实施靠前指挥。对救援队伍实施面对面领导，及时指挥协调救援行动，正确处置各种现场情况。

四、指挥保障

应急救援的指挥保障是为了指挥员及其指挥机关在组织应急救援行动中顺利实施指挥活动而采取的各种保障措施。

为了保持指挥系统的安全稳定和指挥活动的高效有序，必须周密组织各种应急救援行动的指挥保障。应急救援行动的指挥保障内容主要包括相关指挥法规保障、指挥信息保障、指挥通信保障等。

1. 指挥法规保障

应急救援行动有其自身的特点和规律，时间紧、任务重、困难多、危险高，政府、社会高度关注，各级指挥员及其指挥机构必须坚持依法履职，注重加强指挥法规保障体系建设。要规范应急救援行动方案的种类和有关要素；规范和完善应急救援指挥体制；增设有关应急救援指挥法律法规知识的培训内容。

2. 指挥信息保障

各级各类救援队伍遂行应急救援任务时均面临环境多变、险象环生、条件艰苦、保障困难等诸多因素。增大了救援现场信息的动态性和不确定性，加剧了指挥信息的保障难度。

各级指挥员只有及时准确地了解和掌握灾害事件现场信息，才能做到量灾用兵、合理处置，正确指挥。为此要进一步提高以下能力：

（1）强化信息整合，提高信息感知能力。

通过当地政府的统一协调、沟通，最大限度获取灾情、社情及地形、气象等多方面情况，畅通信息收集渠道，从众多的信息中获取和分析出有用的灾情信息，为人所用。

（2）完善指挥信息系统，提高信息控制能力。

要利用现代通信技术和手段，按照集中统一、自上而下、分级分类进行系统整合，建立与上级指挥信息系统、本级指挥体系和指挥所内部编组相适应的通信指挥系统。目标是指挥所在哪里开设，指挥信息系统就能延伸到哪里，行动指挥需要什么信息，指挥信息系统就能及时提供什么信息。

3. 指挥通信保障

救援队伍遂行应急救援任务时，做好自我保障是提高指挥效能的基本出发点。为此，要认真做好通信器材保障、通信联络组织、通信手断与方法等 3 个方面的工作，并注意以下两点：

（1）救援队伍在组织通信器材的保障过程中，应主动地争取地方政府支持，以弥补自身保障能力、保障力量的不足；

（2）应急救援行动的急促性、紧迫性，决定了通信联络不可能按部就班进行，必须灵活运用。救援队伍的通信保障组，平时要认真研究灾害发生后可能出现的各种通信障碍，做出周密的预备计划和行动方案，确保应急状态下的通信保障能力。

第二章

建（构）筑物结构基础知识

简介和概述

本章重点讲述了常见建（构）筑物材料分类基础、基础承载系统、坍塌原因以及因灾难事故倒塌的基本空间分布规律。

本章结束时，你能够识别常见建（构）筑物类型及其特点，了解建（构）筑物承载系统工作原理，并根据作业点的结构类型研判结构安全风险，以快速评估受困者的可能受困位置。

本章讨论和实践的主题包括：

◎ 我国常见的建筑结构类型及其特征

◎ 建筑承载系统

◎ 引起建筑坍塌的主要外因

◎ 常见的建筑坍塌模式

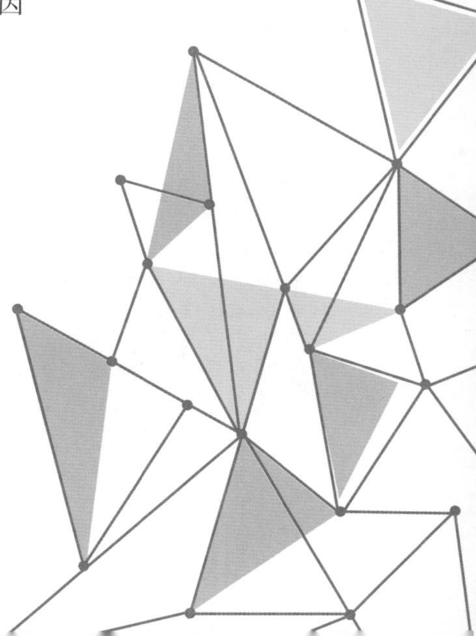

第一节 我国常见的建筑结构类型及其特征

建筑有多种分类方法，应急救援领域最为关注的是建筑结构材料和受力承载结构两个分类方法。我国的建筑按照建筑承载结构材料划分，可分为砖木结构、砖混结构、钢筋混凝土结构、钢结构建筑等；按照受力承载结构划分，可分为框架结构、剪力墙结构、框架–剪力墙结构、板柱–剪力墙结构、部分框支剪力墙结构、筒体结构建筑等。

一、砖木结构建筑

砖木结构建筑指建筑物中竖向承重结构的墙、柱等采用砖或砌块砌筑，楼板、屋架等用木结构，如图 2–1 所示。由于力学工程与工程强度的限制，一般砖木结构建筑是平层（1~3层）。这种结构建造简单，材料容易准备，费用较低。通常用于农村的屋舍、庙宇等。

1. 砖木结构建筑的特点

优点：①空间分隔方便；②自重轻；③施工工艺简单；④材料较为单一。

缺点：①耐用年限短；②设施不完整；③占地多、建筑面积小。

2. 砖木结构建筑受损形式

砖木结构震害情况为部分墙体出现贯通裂缝，除此以外还会发生以下震害：

（1）少量房屋墙体倒塌。

（2）屋面瓦片脱落及屋架部分倒塌。

（3）部分房屋纵横墙连接处出现大的裂缝。

（4）多数窗间墙出现明显的剪切裂缝。

（5）部分房屋由于木挑梁抗弯变形太大导致挑梁上部屋面发生脆断。

（6）预制楼板滑落。

（7）悬挑屋面断裂。

（8）房屋整体倒塌。

（9）女儿墙等局部凸出或附属结构发生不同程度的破坏。

图 2–1 砖木结构建筑

二、砖混结构建筑

建筑物中竖向承重结构的墙采用砖或者砌块砌筑，构造柱以及横向承重的梁、楼板、屋面板等则采用钢筋混凝土的建筑，如图 2–2 所示，这是目前住宅建设中建造量最大、采用最普遍的结构类型。

1. 砖混结构建筑的特点

优点：①可以就地取材；②具有良好的耐久性、耐火性；③保温、隔热、隔音性能均优于钢混结构；④施工工艺、工序简单；⑤节省材料、造价较低。

缺点：①强度低、自重大，对抗震不利；②灰浆黏结力小，无筋砌体抗震能力差；③砌筑工作量大，劳动强度高。

2. 砖混结构建筑受损形式

由于砌体的材料为脆性，整体性能较差，所以砌体结构房屋的抗震能力相对比较低，常见的震害有：

（1）墙体的破坏。

（2）墙角的破坏。

（3）连接处的破坏。

（4）附属物的破坏（鞭梢效应）。

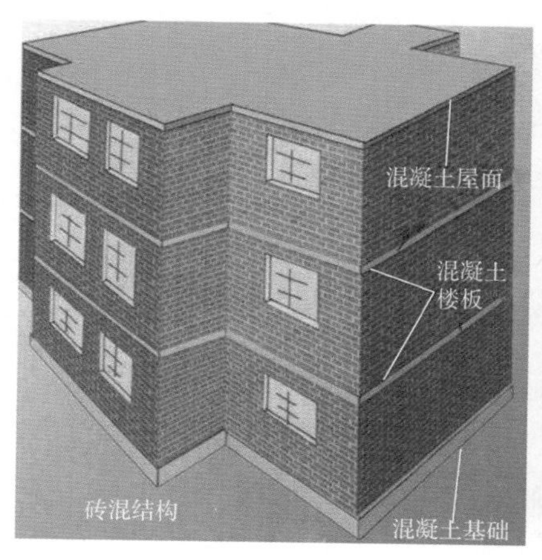

图 2–2　砖混结构建筑

三、钢筋混凝土结构建筑

钢筋混凝土结构建筑是指在房屋建筑中主要承重构件大部分由钢筋混凝土制作的建筑物。这类结构形式的建筑物的梁、柱、楼板、屋面板、楼梯、基础均由钢筋混凝土制作；墙体则由砖或其他建筑材料砌筑，但亦可用钢筋混凝土制作。采用钢筋混凝土结构的建筑物整体刚度好，可承受较大的荷载，房屋耐久，一般多层民用建筑和工业建筑大都采用这种结构形式。

1. 钢筋混凝土结构建筑的特点

优点：①取材容易；②耐久性好；③整体性好。

缺点：①自重大；②抗裂性能差。

2. 钢筋混凝土结构建筑受损形式

结构震害一般是梁轻柱重，柱顶重于柱底，尤其是角柱和边柱更易发生破坏。梁的破坏主要是发生在端部，如图 2-3 所示。

（1）框架柱的破坏。柱端出现水平裂缝和斜裂缝，混凝土局部压碎，柱端形成塑性铰。

（2）框架梁的破坏。

（3）梁柱节点处的破坏。产生对角方向的斜裂缝或者交叉斜裂缝，混凝土剪碎剥落。

（4）填充墙的破坏。填充墙受剪承载力低，变形能力小，往复变形中容易产生斜裂缝。

图 2-3 钢筋混凝土结构建筑破坏

四、钢结构建筑

钢结构建筑主要承重构件全部采用钢材制作，它自重轻，能建超高摩天大楼；又能制成大跨度、高净高的空间，特别适合大型公共建筑。钢结构建筑相比传统的混凝土建筑而言，用钢板或型钢替代了钢筋混凝土，强度更高，抗震性更好。并且由于构件可以工厂化制作，现场安装，因而大大缩短工期。由于钢材的可重复利用，大大减少建筑垃圾，更加绿色环保，因而被世界各国广泛应用在工业建筑和民用建筑中。

1. 钢结构建筑的特点

优点：①强度高；②自重轻；③抗震性好；④施工方便。

缺点：①易锈蚀；②不耐高温；③造价较高。

2. 钢结构建筑受损形式（图 2-4）

（1）脆性断裂。

（2）因火灾失去承载能力。

图 2-4 钢结构建筑

第二节 建筑承载系统

本节主要讲述建筑承载系统的分类和基本描述，包括：建筑承载系统的作用与要求、垂直分系统、水平分系统、常见的建筑承载结构。

一、建筑承载系统的作用与要求

1. 建筑承载系统的作用

基本功能是要承受施加在建筑物上的各种荷载。

2. 建筑承载系统的要求

（1）足够的承载能力。

适宜的结构材料和强度等级、合理的构件截面形状及必要的尺寸。

（2）良好的抗变形能力。

水平构件要有足够的刚度，主要通过受弯构件合理的高（厚）跨比来满足；竖向构件要有可靠的稳定性，主要通过受弯构件合理的长细比（或高厚比）来满足。

（3）足够的抗震能力。

保证结构的整体性，并具有良好的延性。

建筑抗震设防的要求：小震不坏、中震可修、大震不倒。

二、垂直分系统（图 2-5）

垂直分系统的功能作用：

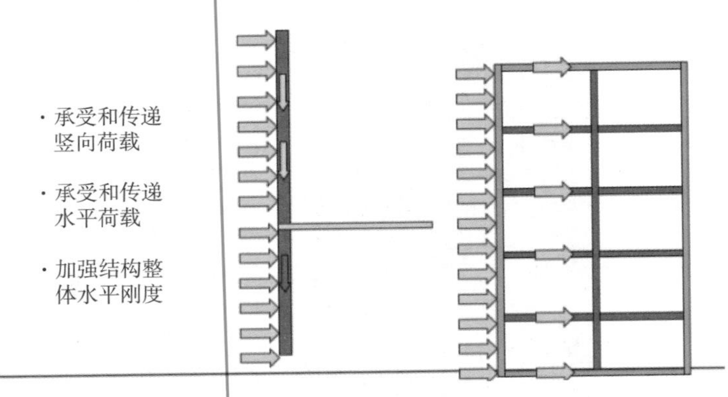

图 2–5　垂直分系统

三、水平分系统（图 2–6）

水平分系统的功能作用：

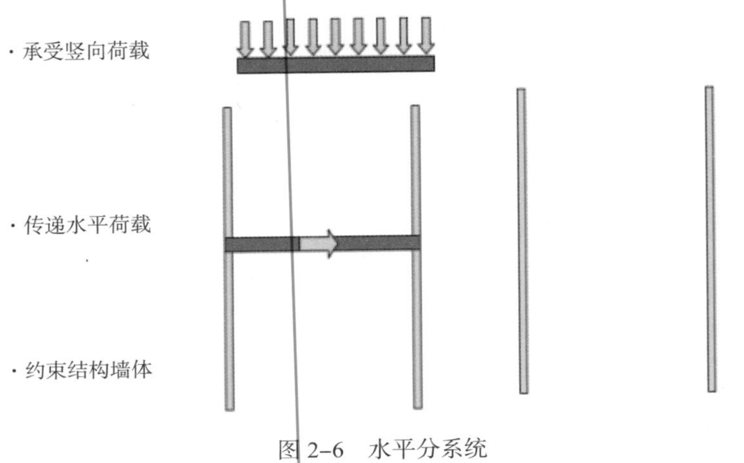

图 2–6　水平分系统

四、常见的建筑承载结构

1. 框架结构

框架结构是指由梁和柱以刚接或者铰接相连接而构成承重体系的结构，即由梁和柱组成框架共同抵抗使用过程中出现的水平荷载和竖向荷载。框架结构的房屋墙体不承重，仅起到围护和分隔作用，一般用预制的加气混凝土、膨胀珍珠岩、空心砖或多孔砖、浮石、蛭石、陶粒等轻质板材砌筑或装配而成。在地震中，多数框架结构震害较轻，但仍有少数房屋破坏严重，甚至坍塌或倾倒。震害调查显示，框架结构房屋的坍塌或倾倒绝大多数是由于框架结构的柱端出铰、柱端剪切破坏、节点区破坏等引起的。

2. 剪力墙结构

钢筋混凝土剪力墙结构又叫剪力墙结构。剪力墙结构是用钢筋混凝土墙板来代替框架结构中的梁柱，能承担各类荷载引起的内力，并能有效控制结构的水平力，这种用钢筋混凝土墙板来承受竖向和水平力的结构称为剪力墙结构。这种结构在高层房屋中被大量运用。

3. 框架－剪力墙结构

框架－剪力墙结构也称框剪结构，这种结构是在框架结构中布置一定数量的剪力墙，构成灵活自由的使用空间，满足不同建筑功能的要求，同时又有足够的剪力墙，有相当大的侧向刚度（剪力墙的侧向刚度大是指在水平荷载的作用下抵抗变形能力强）。

4. 板柱－剪力墙结构

板柱－剪力墙结构，是由无梁楼板与柱组成的板柱框架和剪力墙共同承受竖向和水平作用的结构。

5. 部分框支剪力墙结构

框支剪力墙指的是结构中的局部，部分剪力墙因建筑要求不能落地，直接落在下层框架梁上，再由框架梁将荷载传至框架柱上，这样的梁叫框支梁，柱叫框支柱，上面的墙就叫框支剪力墙。这是一个局部的概念，因为结构中一般只有部分剪力墙会是框支剪力墙，大部分剪力墙一般都会落地的。

6. 筒体结构

筒体结构由框架－剪力墙结构与全剪力墙结构综合演变和发展而来。筒体结构分筒体－框架、框筒、筒中筒、束筒四种结构。筒体结构是将剪力墙或密柱框架集中到房屋的内部和外围而形成的空间封闭式的筒体。其特点是剪力墙集中而获得较大的自由分割空间，多用于写字楼建筑。筒体结构的水平力主要由一个或多个空间受力的竖向筒体承受。筒体结构抗侧移刚度大，且具有多道抗震设防体系，虽然框架核心筒结构会产生较大的顶点侧移，但相对来说筒体具有较强的抵抗水平荷载的能力。

第三节　引起建筑坍塌的主要外因

大多数建筑物都无法抵抗自然灾难或者事故灾难，比如地震、龙卷风、洪水或爆炸。但是，毁坏的程度取决于灾害类型和建筑物结构。

比如，相对于街道中的商铺或民宅，钢结构的现代工厂或写字楼能够更好地抵御突发的剧烈振动。要特别留意刚经历过火灾的钢结构建筑物，因为它们更容易倒塌。但是在大地震这样的灾难中，几乎每种类型的建筑物都会受到影响，有些会彻底坍塌，有些建筑的地板和墙壁会岌岌可危。

无论毁坏程度如何，救援技巧相同。为了自己和他人的安全，救援人员应掌握建筑物坍塌的各种特定模式。同时，须禁止未经训练的人靠近坍塌的残骸和碎石。否则，可能造成更多的坍塌，并伤害到被困的幸存者。

引起建筑坍塌的主要外因包括以下内容：自然灾害、事故灾难。

一、自然灾害

1. 地震

地震震动给建筑结构造成最严重破坏的是在结构中产生横向荷载的效应。地震输入的摇晃导致建筑物的地基在大致水平的平面中来回摆动。建筑物有惯性，惯性将使建筑物试图保持原有状态，而由侧向力形成的横向荷载是促使建筑物改变原有状态的外力。这种动态作用可以简化为一组水平力，按照与建筑结构质量及高度成比例的关系，作用到建筑结构上。

在具有相同重量楼层和相对较轻墙壁的多层建筑中，荷载被进一步简化为一组作用力，每个作用力都沿楼层方向施加在地板上，按照三角形关系，楼层越高，作用力越大。抗震结构被设计成通过非弹性作用抵抗这些侧向力，通常以重量的百分比表示，从重量的百分之几到百分之五十不等。

在地震作用下，建筑结构中也会产生纵向荷载，这些荷载很少会使纵向抗荷载体系超负荷。但地震纵向力形成的高静载，对重混凝土结构可能造成破坏。另外，这些纵向力也会增加混凝土框架建筑物倒塌的可能性，因为柱中的压缩力增加或减小（增大柱压力超过柱承压极限，或减少柱压力而降低柱弯曲强度）。

2. 龙卷风

根据建筑物的高度、局部地面粗糙度（丘陵、树木、其他建筑物）和风速的平方，在建筑物外部产生作用力。不同于地震情况，建筑物的重量对风荷载影响不大，但有助于抵抗风对建筑造成的气动举升。

除非建筑结构是通透的，由强风所形成所有的力都作用在建筑物外表面上，这与地震形成对比，其中一个例子是，外墙和内墙都按重量成比例地承担作用力。

风压作用在建筑物的迎风面上表现为正压，在大多数其他侧面及大部分屋顶表面上表现为负压。要特别关注负压作用，比如集中发生在建筑物角落和屋顶边缘的气动举升效应，尤其是屋檐。

整体建筑结构的设计必须考虑所有横向和纵向压力的总和，每个建筑部件也必须被设计成可以抵抗正压与负压荷载，并且必须连接到支撑构件（梁、柱、壁、基础）以形成连续的抗压路径。

3. 洪水

静水压力、浮力、水动力和废墟等因素在建筑物上产生的作用力。

当水位在建筑物内外部不平衡时，作用在地基、地下室壁、升降结构的静水压力会大幅上升。

河流和大海的水流会对建筑物水下部分形成正面或侧面的作用力，海浪和升压流可以产生高达 450 千克 / 平方米的压力。

水面上漂浮的废墟可以小到一个木块，大到整个建筑，对建筑物的影响，可能小到使窗玻璃破碎，大到使整个建筑倒塌。

4. 积雪或建筑支撑老化与过载

由于积雪或下水道堵塞等原因导致建筑物荷载增高，或由于建筑老化、腐蚀等其他原因导致支撑能力降低时，建筑物都可能因为重力荷载原因而坍塌。

这类原因造成的建筑坍塌频率比较高，但通常一个时间只会影响一个建筑。在特定条件下，这种类型的坍塌可能导致非常危险的情况，比如多层木结构建筑的木地板发生层叠式坍塌后，墙面将得不到支撑。

二、事故灾难

1. 爆炸

当爆炸发生时，固体或压缩气体能在亚秒时间内转化成大量的热气体时。

由高爆物导致的爆轰能以非常高的速率（6千米/秒）向外转换能量，而低爆物（如火药）则能以约300米/秒的速率进行快速燃烧。能量的快速释放会发出声音、热和光（火球），高爆物爆炸产生冲击波，能以超音速从爆源向外传播，而低爆物爆炸冲击波则往往以亚声速传播。

对建筑结构造成最大伤害的是由高度压缩空气颗粒形成的冲击波。系　当天然气在建筑结构内发生爆炸时，气体压力可在密闭空间内不断积累而对建筑造成严重损伤。爆炸中，体积大、不够结实或仅简单连接的墙壁、地板和屋顶表面都可能被冲击波震开。钢框架结构中的柱梁可能在爆炸中幸存，但它们的结构稳定性可能因支撑部件（地板隔板、剪力墙）受损而受到影响。在严重爆炸中，混凝土板、墙甚至柱都可能被震开，从而形成导致渐进倒塌的条件。1960年，天然气爆炸导致一栋22层楼房的第18层外墙坍塌，并最终引发渐进坍塌。从屋顶到第19层坍塌的力量，最终造成这栋建筑物其余部分坍塌。

当爆炸物在建筑外部爆炸的时候，冲击波最初通过建筑物外立面反射而被放大，然后通过穿透建筑中的各种通道，使地面和墙壁承受很大的压力。当冲击波在拐角处传播时，产生衍射，产生压力放大和缩小的区域。最终，整个建筑物被冲击波吞没，建筑物所有表面都将承受超过其荷载的压力。

空气冲击波的附加效应是形成速度非常高的风，吹动的碎片会像子弹一样飞行，此外爆炸冲击波还可能诱发高强度、短时间的地面震动（人造地震）。

当大的爆炸发生在钢筋混凝土表面附近时，其影响可能相当严重，以至于混凝土可能局部崩解并与钢筋分开。爆炸还可能吹走墙、地板或屋顶平面，造成建筑整体失稳，使得木材、钢制框架甚至预制混凝土建筑物被夷为平地。

2. 火灾

木材或金属的屋顶、地板经常由于烧穿而倒塌，并能将外部砌体或混凝土墙拉入或使其失去支撑

火灾后幸存的钢结构建筑会由于淬火而强度降低。

混凝土结构可能由于剥落而损坏，剪力墙可因楼板的膨胀而开裂。

第四节 常见的建筑坍塌模式

一、倾斜支撑型坍塌

倾斜支撑型坍塌主要是大块坍塌体与支撑物构成的空间，生存空间多为三角形，此类生存空间会形成较大的空间废墟，救援目标生存的可能性较大。主要成因为：当某一整体性较好的墙体坍塌时，受到邻近墙体的阻碍，与邻近墙体互为支撑形成；已建的砖混结构建筑的楼面板、屋面板大都采用混凝土空心预制板，当横向承重构件与墙体连接不牢固、无可靠的拉结措施时，在地震荷载作用下，一端被震松，可能导致钢筋混凝土预制楼板的一端与墙体连接完好，另一端塌落，形成倾斜支撑型的三角形生存空间；预制楼板两端均被震松，导致预制楼板掉落，整体塌落的过程中，一端被破损的柱、墙体或者家具等支撑住，形成了三角形的倾斜支撑型坍塌空间（表 2–1）。

表 2–1 倾斜支撑型坍塌

建筑物倒塌类型			示例图片	建筑受力及人员生存空间
倾斜型	前后倾斜			纵墙、横墙或支撑柱受力过载失效向前后或左右倾斜，倾斜角度较小，结构相对稳定，主要由于门窗及楼梯间变形导致人员被困，整体生存空间大，人员存活率高
	左右倾斜			
塌落型	局部塌落	斜靠		某一支撑墙倒塌或地板连接处在一端断裂的情况，塌落处两端支撑并构成三角地带，形成生存空间，结构不稳定，有一定的人员存活率

二、V 型坍塌

V 型坍塌是由于较大的建筑物构件，例如楼板、墙面中部不堪重负而断裂、塌落形成 V 型生存空间。形成此类生存空间，塌落的建筑物构件必然一面有地面支撑，另一面有短柱或矮墙支撑，形成较稳定的支撑体系。

三、层叠式坍塌

由于建筑上层支撑墙或柱不牢固，荷载全部施加在下层构件上，导致所有的上层构件都落到了下层，承重体几乎全部折断或压断，形成层叠式坍塌空间。

四、悬臂型坍塌

建筑物较大的构件在地震中坍塌时，承重结构不完全破坏，形成悬臂型的生存空间。此类空间一般不稳定，有随时塌落的危险，主要成因为：当楼板承担的荷载较大时，有可能从中间断裂，楼板层一端吊于墙的一部分，另一端自由悬挂，形成悬臂型的生存空间；建筑物在水平方向刚度分布不均匀，造成其某一端垮塌，一端完好的局部垮塌现象，形成悬臂型坍塌空间；室外阳台、避难层、挑廊等本身属于悬臂型建筑构件不完全坍塌。

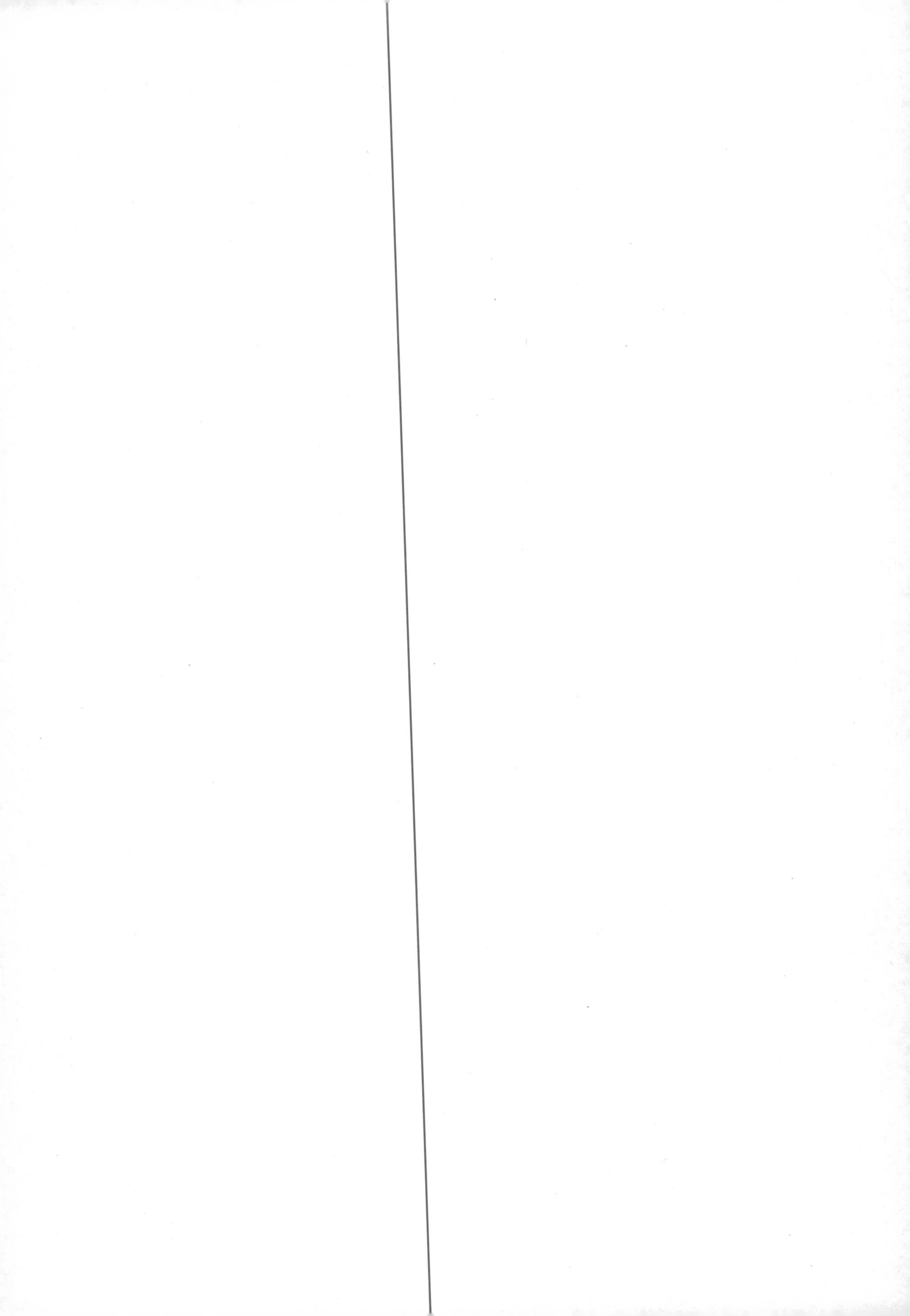

第三章

安全管理概论

简介和概述

本章重点讲述了建（构）筑物坍塌灾害事故环境下的救援特点、面临的风险与安全管理基本应对和职责任务。

本章结束时，你将掌握对风险的基本识别能力和安全管理应对方法，包括：

◎　建（构）筑物坍塌救援特点与风险识别

◎　个体防护装备及配置要求

◎　搜救现场安全管理

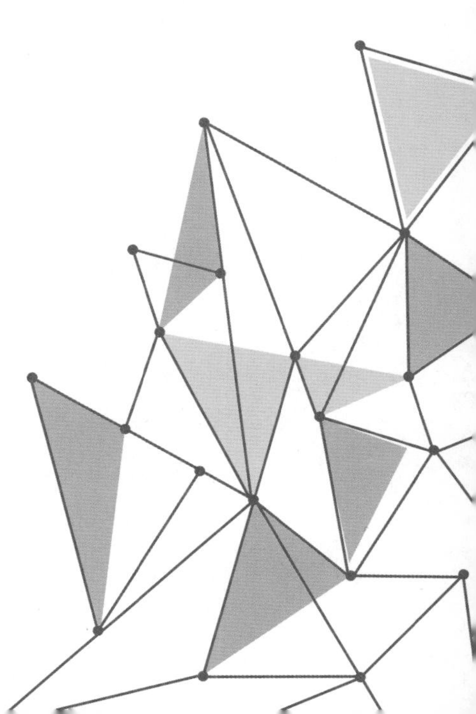

第一节 建（构）筑物坍塌救援特点与风险识别

建（构）筑物坍塌是指由自然灾害，如地震、火灾、台风引起的建（构）筑物破坏或由于建（构）筑物本身质量问题，如年久失修、房屋建筑结构不符合国家标准等引起的坍塌。建（构）筑物坍塌救援属于城市救援内容，其救援与风险有独特之处。

一、建（构）筑物坍塌救援特点

1. 灾害突发性强

受建筑结构、建筑质量、火灾、建筑负荷、自然条件等因素影响，建（构）筑物坍塌事故随时可能发生，且事故前兆很不明显，允许人员逃生的时间极短，待人们察觉时，倒塌事故往往已经发生并造成了很严重的后果。

2. 造成破坏性大

由于建（构）筑物坍塌事故具有突发性，大量人员来不及做出防范和转移就被埋没，人员受到致命伤害，财产遭受严重损失。其破坏力之大、影响范围之广、事故后恢复时间之长，一般而言都超过其他事故。

3. 人员搜救困难

建（构）筑物坍塌现场复杂，极易造成所在区域救援通道异常狭窄或堵塞，救援装备机械行进不便，实施作业时区域限制人员和装备，作业效率被迫降低，救援行动受限。另外建筑物由于坍塌的原因众多受困人员分布不确定，使得被埋人员的坍塌救援所在位置需较长时间搜索才能确定，装备机械不能尽快实行救援作业。

4. 救援协同要求高

建（构）筑物坍塌事故发生后，救援及操作可能会造成建筑二次坍塌以及触电、燃气泄漏等不可预见的情况导致事故的扩大化。所以发生事故后，参加救援行动的力量不仅包括消防、交通、公安、卫生等部门，还需要供气、供电、供水和施工及特种作业等相关单位到场参加协同救援，同时需要社区组织和政府相关部门进行配合支持。

涉及的救援装备工具除了工程机械，还有通信、照明、检测及搜救犬、搜救机器人等，可谓部门多、人员广、装备杂。另外需要注意的是，社会关注、遇难家属及围观群众形成紧张的舆论氛围和社会压力也提高了协同救援的难度。

二、建（构）筑物坍塌救援风险识别

建（构）筑物坍塌救援中的风险可以按“人、机、环、管”四方面进行识别。

1. 与人员有关的风险

（1）安全意识方面，主要表现为对安全理解和认识不足，如救援中自我保护意识差，违章操作、违章指挥等；存在侥幸心理，如忽略救援工作中的细节，不按规定穿戴防护用具，不按规章制度监护。

（2）救援技能知识方面，缺乏安全救援实践经验和理论技术知识，对救援现场的各种不安全因素缺乏观察、分析、判断和解决的能力，致使在现场的安全管理中不能及时做好安全风险识别，做好有效的安全保护措施，不能很好地运用安全操作标准来规范救援人员的安全救援活动。

另外要注意的是由于组织管理、行为心理等原因导致救援队员能力发挥不足，如救援队员要目睹血腥残酷的场面、要在幽暗密闭和局促狭小的空间中单独作业、要面对余震等各种安全威胁、要面对尽最大努力仍无法挽救生命的挫折等。应判断进入现场的队员心理产生的负担并影响其行为，及时调整轮换。进入现场的救援队员由于长时间高强度作业，极易疲劳，会出现注意力下降、反应迟钝、动作走样变形等情况，如判断队员出现此类情况应及时提醒或轮换。

2. 与装备有关的风险

（1）装备性能不足，如质量不佳的锯盘有可能在切割过程中突然碎裂飞溅。

（2）装备维护保养欠缺产生故障，如受损过的绳索有可能在承重中突然断裂。

（3）救援条件导致装备失效，如高压气瓶阀门有可能因撞击而松动、液压油管有可能因折拗而破裂泄漏、发电机有可能电缆松脱漏电等。

（4）关键装备数量不足，部分救援装备由于设计缺陷导致救援失败。

因此，救援队员携装时应对装备状况进行评估，评估装备可能存在的安全隐患，使救援装备时刻保持良好的战备状态。

3. 与环境有关的风险

（1）可燃易燃气体物质，地震往往会造成城镇地区地下燃气、输油管道破裂泄漏，积聚的可燃气体和暴露的易燃物质有可能引发爆炸或爆燃，这种危险将带来大面积伤害。

（2）低浓度氧气，救援队员在地下室或竖井等狭小空间现场作业时，空气不良、通风不畅，要注意检测空气中氧气含量是否足够。

（3）漏电危险，地震会对城市公共输电线路和建筑内的电路电气设备造成破坏，往往会有漏电情况发生。

（4）核辐射有害物质，如日本“3・11”特大地震造成福岛第一核电站泄漏，因此要密切关注该类设施是否泄漏及其危险可控程度。

另外，要注意次生灾害安全问题，如滚石、山体滑坡和泥石流、堰塞湖、海啸等。

4. 与管理有关的风险

（1）救援队伍日常管理及现场指挥协调中的问题将对救援行动带来重大风险，如高空作业时，队员间未相互提醒，抛投物品或发生坠物，都有可能误伤下方救援队员。

（2）危险现场作业时，没有派出安全员，或接应队员未给予作业队员足够的支持保护，从而导致核心区救援队员发生危险。

（3）在小空间作业时，器材摆放过于凌乱，容易发生羁绊，尤其高空作业时，羁绊可能导致救援队员从高处跌落。

（4）进入复杂现场时，由于通信联络不畅，导致救援队员落单失联。

（5）前期进入的救援队员没有做好信记号提醒，导致后续进入的救援队员在未察觉危险的情况下闯入险地等。

因此，现场指挥员要实时对队员作业情况进行评估，及时发现安全问题并予以纠正。

第二节　个体防护装备及配置要求

在建（构）筑物坍塌现场救援时，救援人员的身体部位完全暴露在外，而且大多数时间是在倒塌的建筑废墟中进行搜索救援行动，身体各部位非常容易被伤害。因此，进入救援场地人员必须始终佩戴个人防护装备。

一、个人防护装备

基本配置：头盔（含护目镜、头灯）、耳塞、呼吸面罩、救援服（训练服）、腰带、手套、护膝及护肘、救援靴。

除常规地震救援最低安全基本配置外，特殊作业环境要注意配备极端环境装备，如新冠疫情背景下，要注意配备 N95 口罩等医用防护隔离装备。

二、着装配备要求

救援行动佩戴时要注意：

（1）佩戴头盔时要松紧适度，防止脱落。

（2）非连体式救援服上衣下摆，须系入裤腰内。

（3）救援手套和救援服袖口，救援服裤脚与救援靴口均须连接紧密，严禁皮肤外露。

（4）穿戴救援靴要松紧适度，鞋带一般采用双平结打法，剩余部分须置入靴口内。

（5）个人防护装备训练（救援）后，应进行洗消处理。

（6）损坏的个人防护装备应及时更换，严禁使用沾满油渍的救援手套操作装备。

（7）若有不明化学气体、液化气等存在时，需佩戴防护面罩，以防吸入造成中毒。应注意周围、地面上是否有锐利物（钉子、碎玻璃）防止遭刺、割伤。

第三节　搜救现场安全管理

一、安全官的职责

安全官是建（构）筑物坍塌救援队中指挥管理层成员，他接受救援队长的直接领导，协助应对现场救援队伍成员在紧急情况下面临的风险。整个救援行动都必须有安全官进行监控。

救援计划一旦确定，安全官就开始监控计划的执行和效率，是现场指挥员的另一双眼睛和耳朵。在紧急情况下，安全官关注着许多事情和活动。时刻检查会导致操作人员伤亡等不安全的行动、环境和行为。安全官最重要的职责就是在这些情况出现前预测到它们。

通过理解行动的动态变化，预测接下来最可能发生的情况，如通过了解建筑结构的特点，预测搜索和救援现场的二次坍塌。

安全官的职责为：

（1）必须全面掌握建（构）筑物坍塌救援队伍的所有职能。

（2）理解建（构）筑物坍塌救援队行动、战术及安全考虑。

（3）具备灾害环境中危险度实用知识。

（4）具备人员管理技术，即进行队伍内部沟通、合作、协调、人际关系管理等，熟悉谈判技巧和冲突化解方法，与队伍人员开展内部协作，包括队伍领导层、行动层、保障部门（如医疗及后勤）、专业技术部门（如工程及危险品技术人员）。

（5）保障队伍健康及福利管理，包括队员休整与恢复、轮班作业、疲劳管理、卫生保健等。

（6）对任务区域的安全控制管理，包括评估全部人员以确保行动全程的安全最大化、预防人员损伤；即时干预行动以避免伤亡；处理安全与风险评估文档；执行风险降低策略；控制队员问责制度；具备工具及装备的知识。

（7）制定及执行行动计划的安全部分：分析相关的安全数据；持续监控危险及风险环境。

（8）信息管理，即负责指导行动记录及保存，执行重大事故情况分析汇报总结工作。

二、安全员的职责

安全员负责建（构）筑物坍塌搜救行动中现场的安全管理工作。他们自主地观察整个行动过程，识别潜在的危险情况，并在它们变得更严重之前及时指出，以采取缓解措施，救援人员应时刻保持安全意识，必须不折不扣的执行安全员的指令。

1. 安全员的主要工作

（1）监视救援过程中建筑物的稳定性，一旦有坍塌危险，及时发出中止和撤离指令。

（2）监视周边环境，发现建筑物倒塌、滑坡、滚石，及时发出中止和撤离指令。

（3）监视余震，及时发出警报和撤离指令。

（4）协助现场指挥员进行现场控制工作，包括监控评估队员压力、疲劳状况，进行休整及轮班管理。

2. 安全员的装备

除救援基本个人防护装备外，安全员还要配备紧急通信装备、气体检测仪、漏电检测仪、辐射检测仪，场地变形监测设备（水准仪、全站仪、激光测距仪）等。

三、搜救现场安全策略

1. 现场评估及区域控制

救援队在展开行动前，应对整个任务区进行控制，划分作业区、接近区和装备区。进入现场前进行救援的整体性规划及征询结构工程专家意见，并会同建筑结构专家勘查现场，评估危险程度后，逐一进行救援工作，并争取时效。如需以大规模、多方向的搜救方式进行作业，需要做详细结构安全评估。

实施救援前，应通知燃气、电力公司等相关单位采取断气、断电措施，以防造成漏气、触电等危险。

2. 信记号规定

对各种安全警示和危险信息进行信记号规定，并使全队人员都熟悉该类信记号。信记号规定的原则是简洁易懂、便于传播。

3. 险情监测

在各类现场都必须派出安全员实施险情监测，遇有情况第一时间发出预警。避免出现火情等现象，加强现场火源管制监测，以防液化气外泄发生爆炸等意外。

4. 有序组织搜救作业

进入救援时，不可单独行动，应按队伍编成或组织搜救小组互相支援配合。进入现场后应注意建筑物倾斜的方向，以免救援时被倾斜的建筑物二次倒塌压住救援人员发生意外。救援过程中，应随时注意倾听有无人声呼救，并立即进行救援。应慎防尚未倒塌的部分是否有摇摇欲坠的物体掉落而砸伤救援人员。

救援人员挖掘通道时，应先了解建筑物倒塌的情形，判断倒塌建筑物中可能有空隙的地方，尽可能从最低的平面沿墙壁挖通道以利通往崩塌物下的空隙处搜寻被困人员，其大小须能容纳施救者将被困人员搬运出来的空间且不应有急转弯，不可直接从崩塌建筑物最上方挖翻，容易造成二次灾害。

5. 实施过程科学有序

倒塌建筑物救生，其困难程度随被困人员所遭遇的状况而异，应以现场立即看得见、容易救出者优先予以救出。

用木材支撑或搭建木架可防止隧道坍塌，也可以防止建筑物二次倒塌。可运用搜救犬帮助搜寻被困人员，并利用装载机、挖掘机等重型机械协助搬移倒塌物品。

倒塌建筑物如在内部燃烧，射水时不易直攻火点，且射水量过多带来负荷过重，易造成二次倒塌而压伤被困人员，应采取近距离直攻火点，以使用最少的水量为原则。

救援挖取通道时，为防止通道坍塌及建筑物二次倒塌，应对倒塌物应并用木材支柱及木板拖架支撑，以确保人员安全通过。倒塌后尚未断裂的钢骨结构，应予以固定以免造成二次倒塌。切忌不可任意碰撞支撑结构物的梁、柱、楼板、墙壁等。调用重型机械装备参与倒塌建筑物灾害救援时，现场需指派指挥、管制、救助、救护人员，以防意外事故发生。使用工程机械进行破坏挖掘、吊起时，不仅要注意被困人员安全也应考虑救援人员的安全。

6. 行动紧急避险规划

在进入每个现场前都要规划好每名进入队员的进出路线和避险区域，紧急撤离命令下达时，所有救援队员应按事先规划好的路线撤离至避险区域，无法及时撤离的救援队员在确保安全的情况下可选择就近避险；警报解除后，现场指挥员应马上清点人数，发现有失踪者，应马上组织搜救。注意紧急避险规划及避险区域的动态调整。

第四章

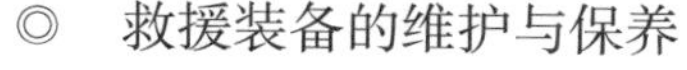

救援装备概论

简介和概述

本章重点讲述了建筑坍塌救援所需的装备类型及维护保养的基本常识。

本章结束时，你能够对建筑坍塌救援涉及的装备具备一定整体认知，包括：

◎　了解各种装备与救援技术间的关联

◎　了解各类型救援装备的基本工作原理

◎　了解救援装备维护保养储存的基本常识

本章讨论和实践的主题包括：

◎　基本的救援装备类型

◎　救援装备的维护与保养

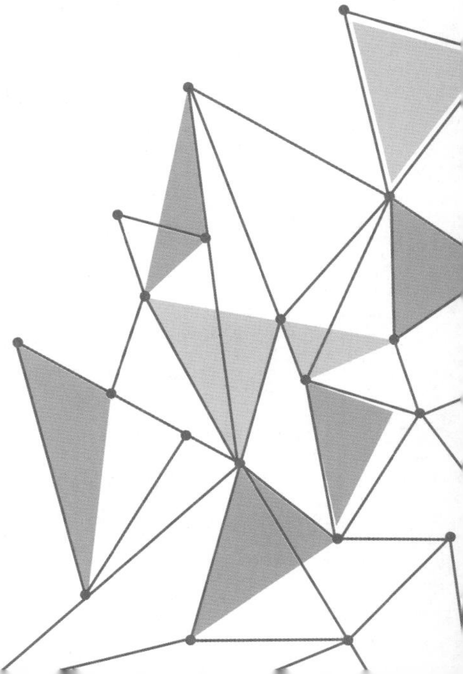

第一节 基本的救援装备类型

建筑坍塌救援是一项时效性极强，涉及救援人员和被救人员生命安全，集仪器探察、破拆与支护、医疗救治和安全防护等综合性的工程。建筑坍塌救援要在复杂、恶劣和狭小的救援空间（有时需要穿过、支撑或移动质量大、强度高的钢筋混凝土、石材和钢材等建筑物构件）等危险环境下，以最短的时间搜救出失踪或被困的幸存者。因此，成功的建筑坍塌救援行动除了要具有训练有素、经验丰富的救援人员外，还必须科学的配备适合各种建筑坍塌环境下开展紧急救援行动的搜索仪器，破拆、支护、移动和支撑倒塌建筑物构件所需的高效、轻便、安全可靠的救援工具和装备。

建筑坍塌救援装备应满足的基本要求如下：

（1）体积小、轻便，易于单兵携带。

（2）易于启动与操作，便于维护保养。

（3）应满足环保要求，避免对救援人员和被困人员的危害。

（4）应满足多功能、节能和环保要求。

（5）具有可靠的安全防护，防止对操作人员和被困人员的伤害。

（6）有较好的兼容性和适用性。

（7）个人防护装备必须坚固耐用，适合恶劣环境的使用。

（8）应具有包括技术规格在内的操作和维护手册，对于特殊设备应由制造或供货商提供技术培训。

（9）包装必须满足运输和搬运要求。

按照救援装备用途可划分为营救、医疗、技术、通信、后勤和管理类；按照营救装备动力性质可划分为液压、气动、电动、机动和手动营救装备。

1. 营救装备

营救装备指营救人员在实施营救行动时建立救援通道和营救空间所需要的破拆、顶撑、防护及其附属的工具和设备，如手动、机动、液压、气动、电动工具和救援绳索等。

2. 医疗装备

为医护人员提供对被困在倒塌建筑物内伤员或已经救出伤员的紧急处置所需要的医疗器材和药品，如心脏除颤器、监控器、夹板等急救器材和麻醉、消炎等急救药品。

3. 技术装备

技术装备包括以支撑建筑物技术搜索、犬搜索、有害物资侦检等为主的测绘仪器、电子仪器及其辅助设备，如 GPS、电磁波生命探测仪、氧气探测器。

4. 通信装备

通信装备包括保障现场救援人员之间通信、现场与外部（救援队和指挥部门）之间通信所需声音、数字、图像的传输设备，如无线电台、远程通信及其附属设备和工具等。

5. 后勤装备

营救和技术装备以外的救援行动、基地运行和个人防护所需设备，如车辆、帐篷、发电机等。

6. 管理装备

支撑信息搜集、建筑物危险性评估和安全监督管理所需要的设备，如照相机、摄像机、测量工具、计算机等。

第二节　救援装备的维护与保养

救援装备与其他装备一样，除按照装备使用说明书正确使用和维护保养外，因其直接关系到救援人员和被救人员的生命安全，还必须严格执行特殊的安全操作规范。

1. 救援装备日常运转检查

（1）充电设备根据具体要求进行充电。

（2）救援车辆半个月或一个月进行运转检查。

（3）救援装备半个月或一个月进行运转检查工作状况。

2. 搜索、侦检仪器维护保养

常用的搜索、侦检仪器为声波 / 振动生命探测仪，可燃气体探测仪，如图 4–1、图 4–2 所示。

在维护保养时要注意以下问题：

（1）使用后清洁仪器外观、检查电池的电量。

（2）定期进行电池充电、检查仪器工作是否正常。

（3）长期存放要将电池从仪器中取出。

图 4–1　声波 / 振动生命探测仪

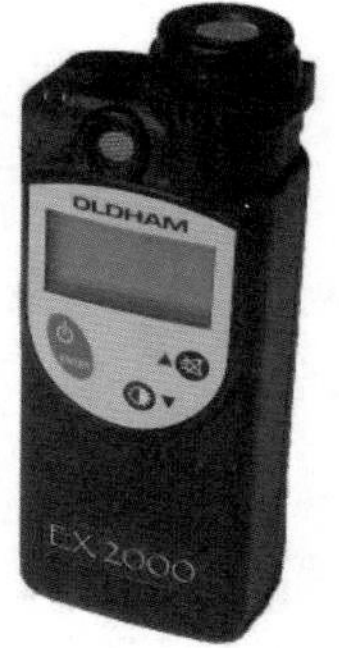

图 4–2　可燃气体探测仪

3. 液压装备维护保养

液压装备是由液压泵、液压管连接扩张钳、剪切钳进行工作，如图 4–3、图 4–4 所示。

液压泵的分类：

（1）按结构形式分为柱塞式、齿轮式和叶片式。

（2）按输出（输入）流量分为定量泵和变量泵。

图 4–3　液压泵

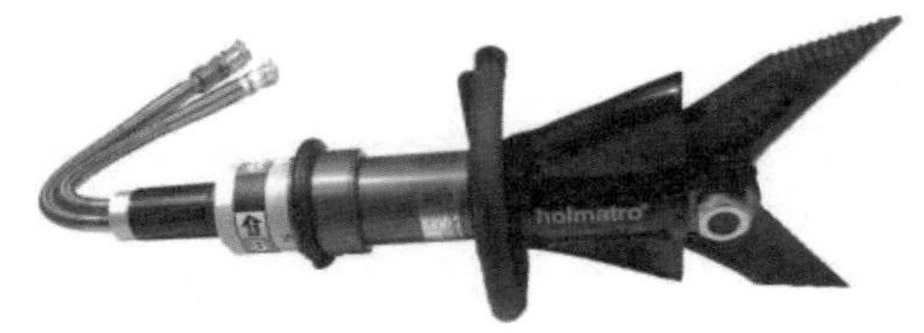

图 4–4　剪切钳

大多数救援工具使用的液压泵为柱塞式液压泵，柱塞液压泵又分为轴向柱塞泵和径向柱塞泵两种。

液压装备的维护保养：

（1）每次用后清洁设备外观、快速接头、防尘盖，扩张钳、剪切钳不要完全闭合，闭合头不小于 5 毫米的距离（撑杆为柱塞）。

（2）年度或工作 100 小时后，检查液压泵油箱通气孔是否堵塞、启动绳是否磨损，更换内燃机润滑油、火花塞、清洁空气滤芯。

（3）液压胶管每次用后检查是否弯折，钢丝是否外露，是否鼓包。

（4）每次用后检查液压工具控制手柄是否能自动回到空挡位置，用压缩空气清洁控制手柄的内部。

（5）年度或工作 100 小时后清洁液压工具控制手柄所有的部件并添加润滑油。

（6）常见故障排除。

（7）扩张钳与液压泵、液压胶管连接不上时，应检查液压泵、液压胶管和工具本身是否存有压力，快速接头是否损坏。用压阀放掉存留的压力，更换损坏的快速接头。

4. 内燃机动装备维护保养

内燃机动装备分为四冲程和二冲程内燃发动机两种，常用的四冲程内燃发动机有发电机、高压气瓶充气机、液压泵（图 4–5 至 4–7）；二冲程内燃发动机有水泥切割锯、机动链锯、无齿锯、破碎机，如图 4–8 至 4–10 所示。

图 4–5　发电机

图 4–6　高压气瓶充气机

图 4–7　液压泵

图 4-8 水泥切割锯　　图 4-9 机动链锯　　图 4-10 无齿锯

1）四冲程内燃发动机装备

（1）每次用后清洁设备，在灰尘较大的地方使用时，要清洁空气滤芯。

（2）初次使用 1 个月或 20 小时后更换发动机润滑油、火花塞、清洁空气滤芯，检查启动系统是否正常。

（3）年度或工作 100 小时后，更换发动机润滑油、火花塞、清洁空气滤芯。

（4）定期疏通液压泵液压油油箱盖通气孔。

2）二冲程内燃发动机装备

（1）每次用后清洁设备及各部件、清洁空气滤芯。

（2）机动链锯检查链条的润滑油是否缺少。机动链锯、水泥切割锯检查链条的张紧度，无齿锯要检查三角皮带的张紧度。空转时应能轻易地来回转动链条，链条与支撑板的间隙不得少于 5 毫米。

（3）汽油破碎机检查，所有外部连接处螺栓是否松动，凿头是否尖锐、凿子与破碎机连接处添加润滑油。

（4）年度更换火花塞，清洁空气滤芯。

（5）内燃发动机若不能起动，检查火花塞是否跳火花，检查化油器和油管是否堵塞。如果出现不跳火花或堵塞现象，则更换火花塞，清洗化油器。

5. 气动顶升装备维护保养

（1）每次用后清洁设备外观，检查减压表连接口的密封胶圈是否损坏、快速连接头是否损坏。

（2）年度或工作 100 小时后，对高压气垫充气，检查接头处是否漏气，边缘是否出现不规则形状，如图 4-11 所示。

（3）清洁高压气球连接螺栓及接口，如图 4-12 所示，连接螺栓添加润滑油。

图 4-11 高压气垫

图 4-12 高压气球

6. 手动、电动凿破装备维护保养

每次用后清洁设备外观，检查凿头是否尖锐，凿子与手动、电动凿破工具连接处添加润滑油，如图 4–13、图 4–14 所示。

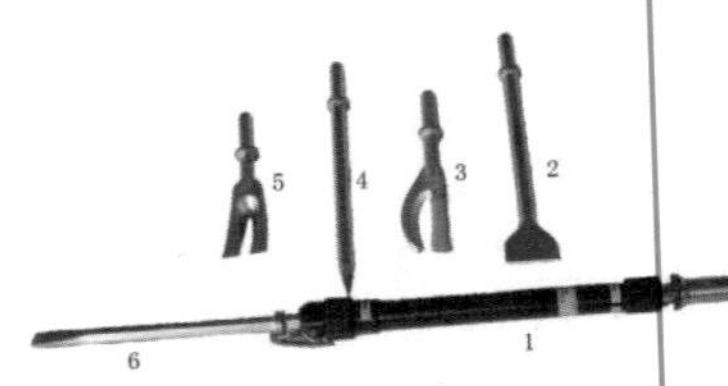

图 4–13　手动凿破工具

图 4–14　电动凿破工具

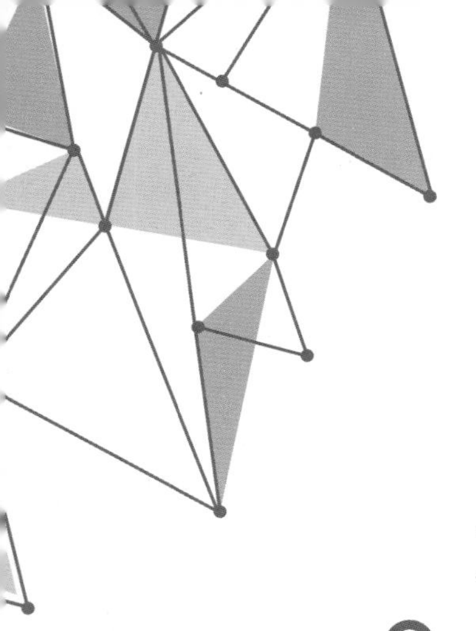

第五章

灾害心理学概论

简介和概述

本章重点讲述了什么是灾害心理学以及在灾害事故救援现场常见的心理危机表现与应激相关障碍。

本章结束时，你能够掌握基础心理学知识及了解在灾害事故救援全流程中的心理训练及自我调适方法，包括：

◎　灾害心理学常识

◎　心理行为训练与心理调适

本章讨论和实践的主题包括：

◎　心理学定义及常识

◎　灾害心理学概述

◎　常见心理危机表现与应激相关障碍

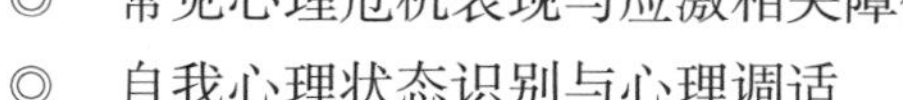

◎　自我心理状态识别与心理调适

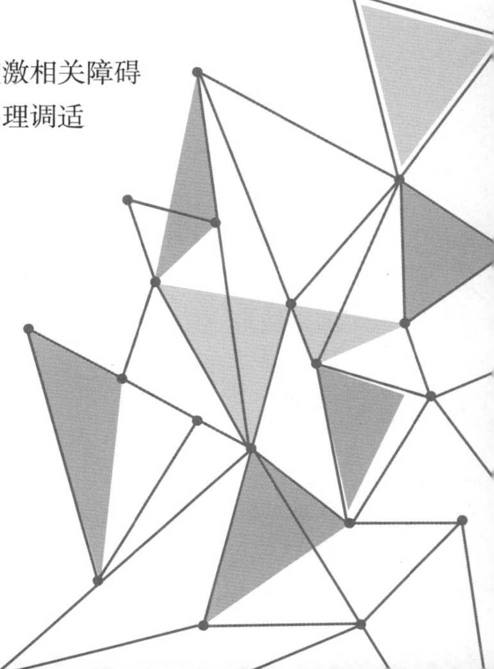

第一节　心理学定义及常识

心理学是研究心理现象（或心理活动）发生、发展和活动规律的学科，是以正常成人的心理现象为研究对象，总结心理活动最普遍、最一般规律的心理学的基础学科。基础心理学所总结出来的规律对心理学各个分支的研究都具有指导意义。

基础心理学研究内容包括：基础心理学研究内容、心理的本质、心理学发展简史及流派、研究的原则和方法。

一、基础心理学研究内容

基础心理学是心理学的基础学科。它研究心理学基本原理和心理现象的一般规律，涉及广泛的领域，包括心理的实质和结构，心理学的体系和方法论问题，以及感知觉与注意，学习与记忆，思维与言语（表 5–1）。情绪情感与动机意识，个性倾向性与能力、性格、气质等一些基本的心理现象及其有关的生物学基础。基础心理学是隶属于心理学一级学科下的二级学科，是所有心理学分支中的最基础和一般的学科。基础心理学的研究重点主要集中于两个领域，其一是关于人类社会认知过程及其脑机制的基础与应用研究；其二是关于特殊人群（如吸毒群体、网络依赖群体、残疾人群体等）认知过程及其人格调节机制的基础与应用研究。

表 5–1　心理现象研究内容框架

分类				概念
心理现象	心理过程	认知	感觉	直接作用于感觉器官的客观事物个别属性在人脑中的反映
			知觉	直接作用于感觉器官的客观物体整体属性在人脑中的反映
			记忆	过去经验在人脑中的反映
			表象	感知过的形象在人脑中再现的过程及形象
			思维	人脑对客观事物本质和事物之间内在联系的认识
			言语	人运用语言交际的过程
			想象	对已有表象进行加工并创造新形象的过程
		情绪情感		对客观外界事物的态度的体验
		意志		有意识地确立目的，并通过克服困难和挫折，实现预定目的的心理过程
	心理特性	动力	需要	有机体对内外环境条件的欲求的不平衡状态
			动机	激发并维持个体朝着目标活动的内部动力
		适宜性	能力	顺利有效地完成某种活动所必须具备的心理条件
		人格	气质	在强度、速度、稳定性和灵活性方面动力的特征
			性格	对现实的稳定态度和习惯化的行为方式

二、心理的本质

脑是心理的主要器官，任何心理活动都产生于脑，即心理活动是脑的高级机能的表现；心理是对客观现实的反映，即所有心理活动的内容都来源于外界环境；心理是外界事物在脑中的主观能动的反映，心理活动会进一步影响到身体机能。

1. 心理是脑的机能

（1）脑是心理的主要器官。

人类很早就在探索身心关系的问题。随着科学的进步，人们逐渐认识到心理是神经系统的属性。神经系统分为中枢神经系统和周围神经系统。脑是中枢神经系统的高级部位，所以，脑是产生心理活动的主要器官。苏联曾有个“同体异头”的双生子，共用一个身体，却有两个头。一个头叫玛莎，睁眼不眠，不爱讲话，喜欢安静；另一个头叫卡嘉，总爱睡觉，喜欢讲话，易发脾气。一个人多一个指头或少一条腿，不一定对他的心理活动有多大的影响，然而双生子却两个脑袋，虽然长在同一个躯体上，但出现了两种不同的心理活动。可见，脑是影响心理活动最关键的部位。

（2）心理的发生、发展与脑的发育紧密相关。

人类之所以具有高级心理活动，是因为人类有一个不同于其他生物的精细微妙的大脑。人类大脑与其他动物大脑的区别最主要的是沟回多，总面积可达 2200 平方厘米。人类的脑沟和脑回是进化的产物。动物的脑沟和脑回越多，脑的面积就越大，就显得越聪明。鲸鱼和大象的脑子的重量虽然都超过了人类，但其脑沟和脑回却不如人类多，所以它们的智慧远不能和人类的智慧相比。

根据大脑研究资料，儿童在出生时大脑在结构上已接近成人，大脑皮层分为六层，大脑皮层上的神经细胞数与成人相近，但他们的皮层比成人薄，皮层上的沟回比成人浅，脑重量也较轻。刚出生时，脑的重量为 390 克，只有成人脑重的 1/3；随着人脑的迅速发展，儿童的脑重量在九个月时达 660 克，相当于成人脑重的 1/2；两岁半至三岁的儿童脑重量达 900~1000 克，达到成人脑重的 2/3；七岁儿童脑重量达到 1280 克，达到成人脑重的 9/10，十二岁时已接近成人。

（3）心理是脑的反射活动。

现代科学研究表明，心理是脑的反射活动。反射是有机体在神经系统参与下所实现的对内外刺激的规律性应答。巴甫洛夫对动物和人的反射进行了长期的科学实验研究，建立了高级神经活动学说，为宏观地理解心理活动的生理机制提供了依据。无条件反射是动物和人先天具有的反射，条件反射是动物和人经过后天学习获得的反射。在无条件反射的基础上形成的条件反射，是一种心理反射。心理反射产生了动物有机体高级神经活动的复杂多变的现象。因此，心理现象是脑这个物质发展到一定阶段特有的反映形式，是一切反映的最高阶段。

（4）脑破坏会引起心理异常。

临床发现，当人脑由于外伤或疾病而遭受破坏时，人的心理活动就会全部或部分地失调。如果枕叶受到破坏，人就会变盲。顶叶下部与颞叶、枕叶邻近的部位受损伤，阅读活动就发生困难。额叶某些部位受损伤，人就不能很好地根据言语信号来调节运动，不能拟定运动计划，不能适当地调节运动过程，不能把握动作程序，严重的则会出现惰性运动定型。如果损伤的是左半球上中央后回下面三分之一的区域，辨别语言就发生困难，因而不能理解别人所说的话；在左半球的额下回有一个布洛卡区，这个区域受损坏，人不能说出复杂的语言，不能说出他所想说的事情。此外，人的头脑受到剧烈的震荡，人的心理活动也会受到阻碍和发生失调，产生幻觉、错觉或遗忘症。大脑两半球的肿瘤会使人迅速进入痴呆状态。无脑畸形儿生来不具有正常的脑髓，因此不能思维，最多只有饥饿、口渴的内脏感觉等。这些事实都确凿地证明心理活动和脑的活动不可分割。

2. 心理是脑对客观现实的反映

（1）客观现实是心理的源泉。

客观现实指人的意识之外的一切客观存在的事物，既包据自然界，也包括人类社会。对人来说，决定心理活动的主要是社会生活。1920 年在印度发现的狼孩卡玛拉，尽管生而具有人脑，但由于出生不久便生活在狼群中，没有接受人类社会的影响，所以她只有狼的习性而无人的心理。脑是心理活动的器官，它好比一个加工厂，工厂没有原料，生产不出产品：没有客观外界的刺激，也不会产生心理现象。客观事物作用于感官产生的信息就是脑进行加工的原料，正如列宁所说：“没有被反映者，就不能有反映。”心理现象的产生首先是由于作用于人的客观事物的存在。没有客观事物作用于人，心理活动便不可能产生。

（2）心理是人对客观现实的能动反映。

人对客观现实的反映不是消极的、被动的像镜子反映物象一样，人是在实践活动中积极能动地反映客观世界的。人总是在作用于客观现实，完成各种行动，操纵各种事物的时候去反映客观事物。也就是说，人主动地把外界事物变成观念的东西，把客观的东西反映到主观上来。人又通过实践活动使主观见之于客观，变主观为客观的东西。同时，人的心理活动又受到实践活动的检验。人在反映现实的活动中总是依照实践的标准不断地调整着自己的行动，使所反映的东西能符合客观现实的规律。但人的心理能否发挥其能动作用还在于是否准确地反映了客观现实的规律。

三、心理学发展简史及流派

1. 心理学科的建立

现代心理学的诞生和发展深受哲学和实验生理学的影响。其中，哲学为心理学的发展提供了理论基础，实验生理学则为其提供了科学依据。

1879 年，著名心理学家冯特在德国莱比锡大学创建了第一个心理学实验室，开始对心理现象进行系统的实验研究，从此心理学从哲学中分化出来成为一名独立的学科。他的《生理心理学原理》一书，被心理学界认为是心理学的独立宣言，冯特因此被称为“心理学之父”。

2. 心理学的流派

（1）构造主义心理学。

构造主义心理学的奠基人是冯特，并由弟子铁钦纳发展为严密的心理学体系，20 世纪 30 年代该学派在美国心理学中占据优势。构造主义主张心理学主要研究人们的直接经验（即意识），在研究方法上强调内省法，强调心理学的一般任务是理解正常人的一般心理规律。但该学派忽视个体差异，不考虑实用，研究范围过于狭隘。

（2）机能主义心理学。

机能主义心理学诞生于 19 世纪末 20 世纪初，初创人是美国著名心理学家詹姆士，代表人物还有杜威和安吉尔等人。

机能主义心理学也主张研究意识，但他们不把意识看成是个别心理元素的集合，而是堪称一种持续不断，川流不息的过程。据此，他们提出了“意识流”的概念，强调意识的作用和功能，并认为意识的作用是使有机体适应环境。

（3）行为主义心理学。

1913 年美国心理学家华生发表了《在行为主义者看来的心理学》，宣告了行为主义心理学的诞生，并很快风行全国乃至全球，引发了一场心理学史上的“行为主义革命”。

行为主义心理学有两个主要的特点，第一是否认意识，主张心理学研究可观察和可测量的行为，并以刺激和反应之间的关系作为心理学研究的主要内容；第二是反对内省，主张用实验方法。行为主义是心理学上的第一势力。该学派主张研究可以观察的行为，这对心理学走上客观研究的道路有积极作用。但是由于它的主张过于极端，不研究心理的内部结构和过程，否定研究意识的重要性，因而限制了心理学的健康发展。

（4）格式塔心理学。

格式塔心理学兴起于 20 世纪初的德国，创始人为韦特海默、科勒和考夫卡。“Gestalt”在德文中意味着“整体”，它代表了该学派的基本主张和宗旨，所以格式塔心理学又称完形心理学。

格式塔心理学反对把意识分析为元素，而强调心理作为一个整体、一个组织的意义，认为整体不能还原为各个部分、各种元素的总和；部分相加不等于整体；整体先于部分而存在，并且制约着部分的性质与意义；整体大于部分之和。

（5）精神分析心理学。

精神分析又称为弗洛伊德主义，是由奥地利精神病学家弗洛伊德创立。该理论主要来源于治疗精神病的临床实践。

精神分析学派重视对异常行为的分析，并且强调心理学应该研究无意识现象。认为人类的一切个体的和社会的行为都来源于心灵深处的某种欲望或动机，特别是性欲的冲动。欲望以无意识的形式支配人，并且表现在人的正常和异常的行为中。

精神分析学派是心理学上的第二势力。该学派重视动机和无意识现象的研究，这是他们的贡献。但是，他们过分强调无意识的作用。把性欲夸大为支配人类一切行为的动机，这些都是不准确的。

（6）认知心理学。

早期的认知心理学以瑞士著名心理学家皮亚杰为代表。20 世纪 40 年代末，信息论、控制论和系统论对现代心理学特别是认知心理学产生了深远的影响。1967 年，美国心理学家奈塞尔发表了《认知心理学》一书，这本书的出版标志着现代认知心理学的诞生。

认知心理学以信息加工观点为核心，认为外界信息通过人的认知过程而加以编码、存储和操作，进而影响人类的行为，又称为信息加工心理学。

（7）人本主义心理学。

人本主义心理学兴起于二十世纪五六十年代，代表人物有马斯洛、罗杰斯等。它着重于人格方面的研究，认为人的本质是好的、善良的，他们不是受无意识欲望驱使的野兽。人有自由意志，有自我实现的需要。因此，只要有适当的环境，他们就会力争达到某些积极的社会目标。

人本主义心理学反对行为主义心理学只相信可以观察到的刺激与反应，认为正是人们的思想、欲望和情感等这些内容过程和经验，才使他们成为各不相同的个体。人本主义心理学被称为心理学上的第三势力。人本主义心理学强调人的价值、潜能、自由、尊严对于健康人格的重要性，认为心理学要研究正常人。

四、心理学研究的原则与方法

1. 心理学研究的基本原则

辩证唯物主义是科学心理学的理论基础，在这一理论基础的指导下，心理学研究的基本原则包括：

（1）客观性原则。在心理学的研究方法中，要避免唯心主义观点的影响，切忌采取主观臆测和单纯内省的思辨方法，要依据客观事实来探讨人的心理活动的规律。

（2）实践性原则。心理学的研究除了在实验室条件下进行外，更应在自然条件下，在人的实践活动中进行。应重视实践对人心理活动影响的实验研究。

（3）发展性原则。心理学研究应从人的心理史前发展、意识发展、个体心理发展以及环境和教育条件变化等不同方面，揭示人的心理发展规律。

（4）因果性原则。在心理学研究中，既要注意客观条件的严格控制，避免自变量的混淆，也要注意被试主观因素对当前心理活动的影响，以便采用科学的设计方法，分析人的心理变化发展的条件与原因。

（5）系统性原则。与其他任何事物一样，心理现象总是处在一个有机的系统中，其产生和变化都有其原因。系统性原则要求研究者不仅要将研究对象放在有组织的系统中进行考察，而且要运用系统方法去考察。

2. 心理学的主要研究方法

心理学的发展与其研究方法是分不开的。心理学独立以来，经常采用的基本方法主要包括以下几种：

（1）观察法。是指一种在自然条件下，实验者通过自己的感官或录音录像等辅助手段，有目的、有计划地观察被试的表情、动作、言语、行为等，来研究人的心理活动规律的方法。分为长期观察和定期观察、全面观察和重点观察。观察法是其他方法的基础，但不易主动控制，有一定局限性。

（2）实验法。是指一种严格控制的、特殊的观察形势，是有目的、有方向的，严格地控制或创设一定条件，来引起某种心理和行为的出现或变化，从而进行规律性探讨的研究方法。可分为实验室实验和自然实验两种形式。

（3）心理测验法。是指采用一种专门的测验工具即测验量表在较短时间内，对个人或团体的某种心理品质做出分析和鉴别的方法。虽然测验法还欠精确性，但和其他方法配合使用，对推动心理学研究与发展仍是一种较常用的方法。

（4）调查法。是指研究者根据事先拟定的调查提纲或者言简意赅的问题，直接访问被试或有关人员，将访问结果统计处理或文字总结，进行心理分析的一种方法。它可分为谈话法和问卷法两种。

（5）个案研究法。是指对单一研究对象的某个方面进行广泛深入研究的方法。它可以对一个人的心理发展过程进行比较系统、全面的研究；也可以对一个人某一心理活动的发展进行研究；或对某几个人同一心理活动的发展进行研究。

此外，心理学研究的方法还有作品分析法和教育经验总结法。作品分析法是通过对学生的作品进行分析来了解他的某种心理特点的方法。教育经验总结法是有目的地整理总结教育实践中那些行之有效的经验，并从中抽取和提炼出所包含的心理活动的规律的方法。

复杂心理现象的研究需要多种方法配合使用，才能揭示心理活动的规律。另外，随着心理科学的发展，其方法也在不断发展进步。

第二节　灾害心理学概述

重大灾害除了给人们带来生命安全、财产损失，家庭和社会发生变迁的损失之外，更给人的心理健康带来重大影响，甚至产生一些灾害心理问题。灾害心理是指由重大灾害对人的心理上产生一系列的影响带来的心理反应。例如，生理上会出现肠胃不适、腹泻、食欲下降、头痛、疲乏、失眠、做噩梦、容易惊吓、呼吸困难或窒息、肌肉紧张等症状；情绪方面常出现害怕、焦虑、恐惧、怀疑、不信任、沮丧、忧郁、悲伤、易怒、绝望、自责、过分敏感、持续担忧、担心家人安全等；在认知方面，常表现出注意力不集中、缺乏自信、无法做决定、健忘、效能低下、不能把思想从危机事件上转移等；在行为方面，会表现出行为退化、社交退缩、逃避与疏离、不敢出门、容易自责或怪罪他人、不信任他人等。

受灾害影响产生灾害心理的人不仅包括当事人及其家属，而且包括灾害的救援者、处理灾害事件的决策者。研究发现，从重大灾害中劫后余生，或者当亲人突然在灾难中死亡后，当事人在心理上承受着超乎想象的沉重压力。灾害救援者在执行救援任务时，会因看到很多惨烈场面，加上因救灾带来的疲劳，同样产生压力感、焦虑、失眠、自责、内疚和噩梦等现象。此外，面对灾害突发事件的决策者也会产生一些心理问题，因为他们所处理的问题都是非常规的、非程序化的，做出决策所需要的信息都是不完全的，而且时间紧迫、任务重大，这些都会给决策者带来沉重的压力，甚至会使他们感到焦虑和压抑等。而这些心理影响常常会导致决策失误。

灾害心理学是灾害学和心理学相结合而产生的一门新兴学科，是研究在各种灾害环境中人类的心理活动和行为规律的学科。灾害心理学目的在于对处在灾害环境中的个体、群体和组织的心理、行为规律的形成机制以及变化特征进行描述、解释从而达到预测和控制这些灾难事件的目的。它主要运用心理学的原理和方法对各种灾害发生前、发生时和发生后，对人群所产生的一系列心理反应进行分析研究，属于应用心理学的一个重要分支。

1. 灾害心理学主要研究对象

（1）第一级人群：直接卷入灾害的人员，死难者家属及伤员，亲历者。

（2）第二级人群：与第一级人群有密切联系的个人或家属，还有现场救护人员以及灾难幸存者。

（3）第三级人群：从事救援或搜寻的非现场工作人员、帮助进行灾后重建或康复工作的人员。

（4）第四级人群：向受灾者提供物资与援助的灾区以外的社区成员，以及对灾难可能负有一定责任的组织。

（5）第五级人群：在临近灾难场景时心理失控的个体。

2. 灾害心理学研究的方法论原则

（1）定量研究与定性研究相结合。

定量研究是对事物可以量化的部分进行测量和分析，以检验研究者关于该事物的某些理论假设的一种研究方法；而定性研究则是研究者在自然情境下对社会现象进行整体性探究，一般采用归纳法分析资料，并形成一定的理论研究成果。定量研究和定性研究是科学研究中两种重要的研究方法，二者互为补充。定性研究通常从现象出发，对现象进行分析和解释，从中获得某些研究结论；而定量研究则从已有的理论出发，通过科学实验和调查，验证或推翻某些理论假设，获得对现象做出解释的科学结论，并预测未来的发展趋势。由于客观现实的复杂性，需要定量与定性方法相结合，以便从不同的角度来验证假设。

（2）人工调查研究与计算机网络技术相结合。

人工调查研究是指依靠研究者的智慧，以人工方式进行调查研究；而计算机网络技术则是依靠计算机网络资源，按照预定的调查目的，在较大范围内寻求网上人员参与调查获取数据的方法，有时也包括涉及一些计算机程序，让上网人员参与人机互动的模拟实验，获取研究数据的方法。在灾害心理学研究中，人工调查研究是经常采用的研究方式，具体包括问卷调查、实验室研究、团体或课题访谈等，这类研究方法，在获取数据方面比较可靠，但在快捷性方面存在缺陷。而计算机网络的数据挖掘技术可以迅速获得大量及时性资料，从广度上弥补了传统入户调查和群体问卷施测的不足。由于进入网络调查的被试来源的局限性，也就是说，并非所有人都会上网参与调查，因此计算机网络获取的数据代表性值得怀疑，因此只有两者结合才能既保证研究的时效性，又可以保证样本的代表性。

（3）独立研究与系统研究相结合。

独立研究是就某一特殊问题单独进行的研究，而系统研究是在一个系统的框架里探究系统与部分之间，部分与部分之间的关系以及整体系统的运作机制。在灾害心理学研究中，由于研究者的精力和资源限制，大多数研究是对某一特殊问题进行专门探讨，而对于灾害事件中的人与自然、人与社会、人与人之间的普遍联系和规律，需要更为系统的研究，才能获取，只有系统研究，才能有助于深入探究灾害心理的发生发展机制。

（4）静态研究与过程研究相结合。

静态研究是对某一时间点上灾害心理各种因素之间的静态关系进行探讨，而过程研究则是关注灾害心理因素的产生机制和发展过程。通过静态研究可以了解到灾害事件中各要素之间的关系，并对某些要素施加控制，以减少灾害造成的负面心理影响。而过程研究可以揭示灾害心理行为产生、发展的变化全过程，使我们了解其动态变化规律。静态研究和动态研究相结合，既可以了解灾害心理的发生发展变化，又可以了解特定阶段中的变量关系，有助于进行有效的预防、诊断和干预。

第三节　常见心理危机表现与应激相关障碍

一、心理危机及表现

心理危机是指由于突然遭受严重灾难、重大生活事件或精神压力，使生活状况发生明显的变化，尤其是出现了用现有的生活条件和经验难以克服的困难，以致使当事人陷于痛苦、不安状态，常伴有绝望、麻木不仁、焦虑，以及植物神经症状和行为障碍。

1. 生理方面

常出现肠胃不适、腹泻、食欲下降、头痛、疲乏、失眠、做噩梦、容易惊吓、感觉呼吸困难或窒息、哽塞感、肌肉紧张等现象。

2. 情绪方面

常出现害怕、焦虑、恐惧、怀疑、不信任、沮丧、忧郁、悲伤、易怒、绝望、无助、麻木、否认、孤独、紧张、不安、愤怒、烦躁、自责、过分敏感或警觉、无法放松、持续担忧、担心家人安全、害怕死去等现象。

3. 认知方面

常出现注意力不集中、缺乏自信、无法做决定、健忘、效能降低、不能把思想从危机事件上转移等现象。

4. 行为方面

常出现社交退缩、逃避与疏离、不敢出门、容易自责或怪罪他人、不易信任他人等现象。

二、心理应激相关障碍

1. 急性应激障碍

急性应激障碍（Acute Stress Disorder，简称 ASD）是指遭遇应激事件后的一过性状况。引起这类障碍的应激事件可以是任何人都难以承受的非常重大的自然灾害（如火灾、地震、洪水、海啸等），也可以是对个体冲击性很强的重大变故，如亲人突然死亡、遭遇车祸等。但总的来说，这些事件都会对个体的生命安全造成严重威胁，或者给其生活带来重大冲击。表现如下：

（1）茫然。

（2）强烈的恐惧。

（3）情绪低落。

（4）身体上不适。

（5）感到绝望。

（6）说话或动作明显增多或减少。

（7）极力避免想到、谈到、接触到与灾难有关的事物。

（8）不能回忆起或不断回想与灾难相关的事情。

（9）不断很真实地体会到灾难当时的感觉。

（10）不断做噩梦；稍有风吹草动就惊恐不安。

（11）对自己或周围环境产生不真实感。

（12）不能正常从事工作或与人交往。

2. 创伤后应激障碍

创伤后应激障碍是指由于超乎寻常的威胁性或灾难性心理创伤，导致延迟出现和长期持续的一种精神障碍。一般在遭受灾难创伤后几天至几个月后发生，少数会在半年甚至更长的时间后发生。是灾后心理重建工作的重点内容，同时也是心理援助的主要内容。

创伤后应激障碍发生的危险因素有：

（1）性格内向、有神经质倾向及创伤事件前后有其他负面生活事件。

（2）存在精神障碍的家族史与既往史、童年时代的心理创伤（如遭受虐待、10 岁前父母离异）。

（3）躯体健康状态欠佳等。

（4）如果有诱发因素存在，有人格异常或神经症病史则可降低对应激源的防御力或加重疾病过程。

创伤后应激障碍的核心症状如下：

（1）闯入性症状。

（2）回避症状。

（3）激惹性增高症状。

儿童与成人的临床表现不完全相同，且年龄愈大，重现创伤体验和易激惹症状也越明显。成人大多主诉与创伤有关的噩梦、梦魇。

儿童因为大脑语言表达、词汇等功能发育尚不成熟的限制常常描述不清噩梦的内容，时常从噩梦中惊醒、在梦中尖叫，也可主诉头痛、胃肠不适等躯体症状。

第四节　自我心理状态识别与心理调适

面对灾情的惨状，骇人的景象或听闻，以及救灾工作的过度负荷与不顺利，甚至危及个人生命财产的损失这些沉重的压力，都会对应急救援人员造成生理上和心理上的冲击，并带来不同程度的影响。

一、正常的心理活动具有的功能

第一，保障人顺利地适应环境，健康地生存发展。

第二，保障人正常地进行人际交往，在家庭、社会团体、机构中正常地肩负责任，使社会组织正常运行。

第三，保障人正常地反映、认识客观世界的本质及其规律。

反之，丧失了正常功能的心理活动称之为异常。

二、心理正常与心理异常的区分

1. 标准化的区分

（1）医学标准。

（2）统计学标准。

（3）内省经验标准。

（4）社会适应标准。

2. 心理学区分原则

（1）主观世界与客观世界的统一性原则。

（2）心理活动的内在协调性原则。

（3）人格的相对稳定性原则。

三、心理健康与心理不健康

1. 心理健康

心理健康是指心理形式协调、内容与现实一致和人格相对稳定的状态。

心理健康的标志如下：

（1）身体、智力、情绪十分协调。

（2）适应环境，人际关系中彼此能谦让。

（3）有幸福感。

（4）在职业工作中，能充分发挥自己的能力，过着有效率的生活。

2. 心理不健康

心理不健康状态可以分为三类：一般心理问题、严重心理问题、神经症性心理问题（疑似神经症）。

3. 相关概念区分

人的心理健康状况可划分为心理正常与心理异常两个大的范畴，就是我们通常说的没病或有病，如图 5-1 所示。心理正常范畴内按心理健康程度的不同又可分为心理健康与心理不健康两大类，一般心理问题、严重心理问题、疑似神经症都可归属于心理不健康的范围，属于心理正常的范畴。较为严重的心理问题不能自愈或疗愈的，有可能向心理异常方向发展，属于心理异常范畴。疑似神经症应由专业心理医生进行鉴别。

区分心理正常与心理异常的三原则具体内容如下：

（1）主观世界与客观世界的统一性原则。

精神病性的幻觉是无对象的知觉，妄想是一种脱离现实的病理性思维。若一个人听到了别人在议论他，说他的坏话，并坚信有人在害他、攻击他、诽谤他，所以这个人感到非常愤怒，痛不欲生。在我们看来根本没有事实根据基础，这种人所想、所反应的情感不被人理解。故评价这个人心理不正常，他的主观世界与客观世界是不统一的。

（2）心理活动的内在协调性原则。

知、情、意、行协调一致是人类精神活动的整体性表现，一个人的心理过程一致表现在内心体验与环境的一致，如该笑的场合就笑，该哭的场合就哭，为儿子结婚办喜事喜气洋洋，为已故亲人办丧事痛哭流涕，这就是情感与所处的环境协调一致。病态相反，该哭的不哭，该笑的不笑，这就是反常、病态。

（3）人格的相对稳定性原则。

江山易改，本性难移，说明了人格的相对稳定性。若一个人没有被明显的外界因素干扰而出现性格的反常，如平素开朗外向，突然沉默寡言、孤僻不接触人，我们认为这是破坏了他性格的稳定性，是反常（如抑郁症）。

总之，区分心理正常与异常的三原则以自知力为判断和鉴别的指标。完整的自知力是指患者对其自身精神病态的认识和批判能力，是判断是否有精神障碍及严重程度、疗效的指征。它是“自我认知”与“自我现实”的统一，自知力是现实检验的一把尺子，也涵盖于三原则中。

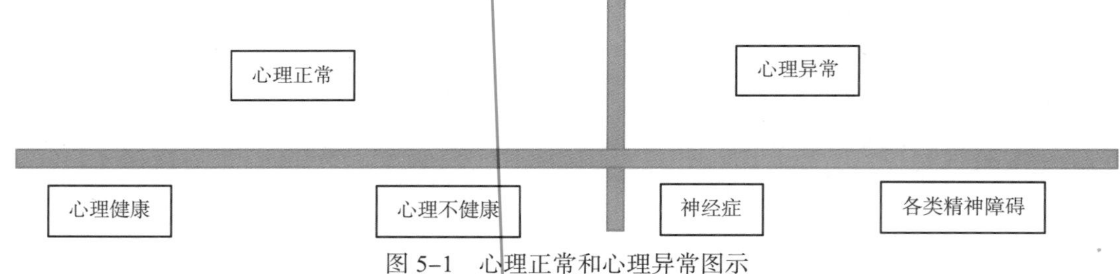

图 5-1 心理正常和心理异常图示

四、自我调适方法策略

1. 不良应对方法

（1）酗酒或吸毒。

（2）经常使用镇静催眠药物。

（3）回避家人、朋友或熟人，回避社会活动。

（4）经常独自待着或躺着。

（5）超时过度工作或帮助他人。

（6）过度自责或责备他人。

（7）出现危险性的行为、开快车或从事其他危险事情。

（8）暴饮暴食、疯狂花钱或花钱无节制。

（9）沉溺于电视、网络或游戏。

（10）生活作息时间不规律。

2. 积极有效的应对方式

（1）尽可能保证合理的睡眠时间和营养补充，尽可能使生活规律，按时作息、饮食和工作（或学习）。

（2）主动与人交流或交往，主动寻求帮助或向人提供帮助。

（3）主动获取相关信息，理解接纳自己目前的应激反应且知道相应的应对方法。

（4）参加灾后救援、重建或其他助人工作。

（5）适度锻炼，抽时间做一些运动、让自己愉快的活动，做自己喜欢做的事情或阅读等，以让自己适度转移注意力。

（6）如以前经历过类似灾难，回顾以前有效应对灾难的方法，并使用这些有效的方法。

（7）自我宽慰、安慰或激励，无论是自己对自己说，还是写下来大声朗读，或是在头脑中默念。

（8）如果自我帮助无效，寻求专业心理帮助。

五、心理实验室装备辅助调适

可利用团体心理训练监测系统对相关人员的压力、放松、专注度等进行数字化心理指标检测；同时也可以利用心率、血氧、体温等生理指标检测功能，并结合平台技术软件，在多种环境下同时进行全程心理专注度、放松度、紧张度、压力等状态的估计与监测，并对特定的训练源破坏力进行针对性的分析，如图 5–2 所示。

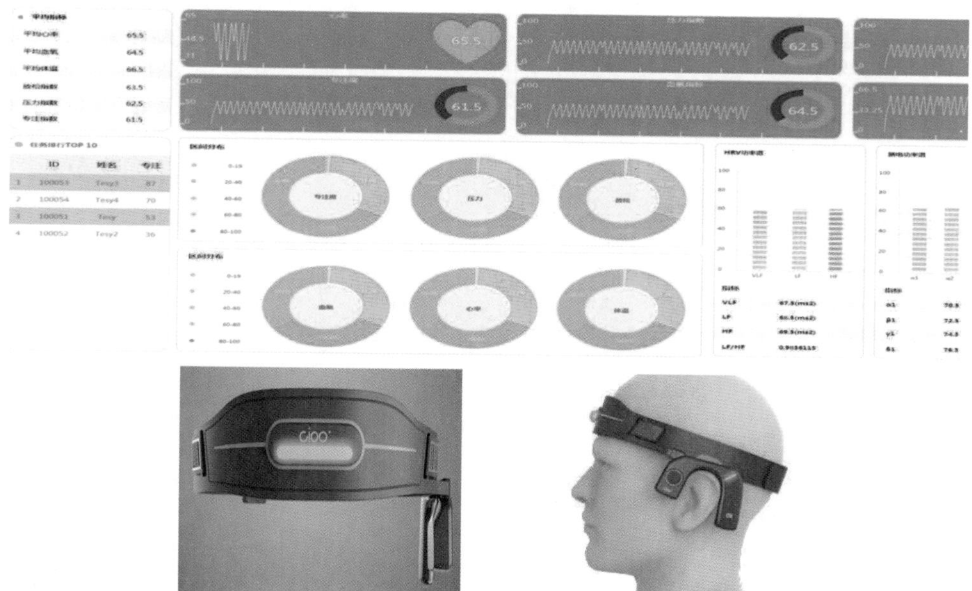

图 5–2 团体心理监测系统

利用实验室心理设备对服务对象在压力过大或情绪不稳定情况下，进行专门身心减压放松训练，该系统具备心身检测功能及 8 种心身干预方法，如生物反馈、全息脑波、体感音乐、氧吧、负离子、红外热疗、足部按摩、渐进放松等可以对心理不健康状态进行调适，并对数据进行分析，如图 5–3 所示。

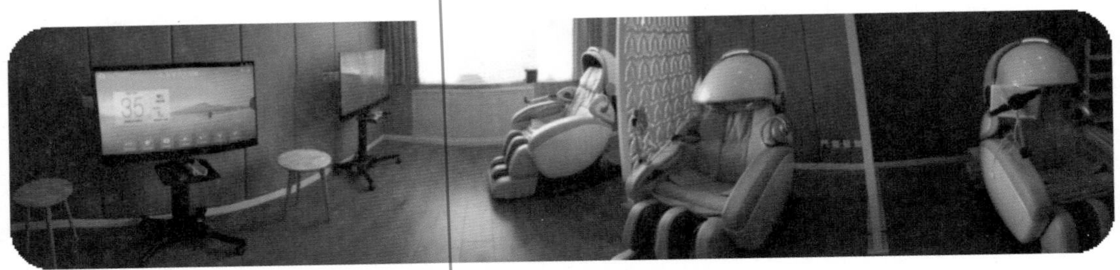

图 5–3　身心放松系统

第六章

建筑物坍塌生命搜索定位技术

简介和概述

本章重点讲述了什么是生命搜索定位技术以及如何在建筑坍塌环境下开展和运用生命搜索定位技术。

本章结束时，你能够在建筑坍塌受困人员搜索行动中具备基本接受行动指令的能力，包括：

◎　如何进行人工搜索定位

◎　如何运用仪器搜索定位

◎　如何标记受困者位置

◎　解释多种搜索定位技术方法的优势和弊端

◎　阐述现场搜索行动的基本程序

本章讨论和实践的主题包括：

◎　生命搜索定位技术的定义

◎　生命搜索定位技术方法与应用现状

◎　受困人员位置标识标记方法

◎　搜索行动信息表格与图件

◎　现场搜索行动的基本程序

◎　搜索仪器使用演示和实操

第一节　生命搜索定位技术的定义

生命搜索定位技术是搜救人员在地震灾害或其他突发性事件造成建（构）筑物倒塌事故现场，综合运用人工搜索、犬搜索、仪器搜索等手段开展搜索行动应遵循的技术、方法、程序和步骤的统称。而搜索能力是一支搜救队伍在应对建筑坍塌搜救行动的基本能力。

科学的运用生命搜索定位技术，可以有效地提高：

（1）对受困人员的定位效率。

（2）搜索行动的时效性。

（3）搜救人员的安全性。

（4）信息上报的准确性。

（5）营救方案制定实施的可行性。

（6）多支队伍（分队）的协作性。

第二节　生命搜索定位技术方法与应用现状

生命搜索定位技术常用方式方法包括：人工搜索、犬搜索、仪器搜索、综合搜索。

一、人工搜索

救援初期，在倒塌废墟外面或可安全进入的建筑物内开展人工搜索。通过寻访幸存者，对所有在表面或易于接近的被困者进行快速搜索，搜索人员直接进入灾害现场或建筑物内，通过感官直接寻找被困人员。在搜索过程中可直接救出的立即救出，对需移动瓦砾等破拆工作方法才能救出的需做标识，并向救援队长报告。

1. 人工搜索基本方法

（1）直接搜索。

（2）呼叫并监听幸存者的回音。

（3）拉网式大面积搜索。

2. 人工搜索所需的基本装备

（1）个人防护装备和急救包。

（2）无线电通信设备。

（3）做标记的材料。

（4）呼叫警告装备：扩音器、口哨、旗子、敲击锤。

（5）搜索记录设备：照相机、望远镜、手电筒。

（6）绘图标记设备：书写板、纸笔、表格。

（7）有毒有害气体侦检仪、漏电检测仪。

3. 人工搜索要点

（1）搜集、分析、核实灾害现场的有用信息。

（2）保护工作现场，设置隔离带。

（3）调查和评估建筑物的危险性。

（4）直接营救表面幸存者和极易接近的被困者。

（5）如必要做搜索评估标记。

（6）绘制搜索区和倒塌建筑物现状草图。

（7）确定搜索区域和搜索顺序。

（8）确定搜索方案。

（9）边搜索、边评估、边调整搜索方案和计划。

4. 人工搜索注意事项

（1）坍塌建筑物楼梯的台阶承重能力可能减弱，上下楼梯时手要扶着墙壁。在黑暗环境下倒着走下楼梯可能更安全，因这种方式可试探性地将全部身体重量加在下一个台阶上时判断是否能承受，如果对某一台阶强度有怀疑，可迅速跃过该台阶。对楼梯栏杆必须慎用，因为如果受损，可能一触即塌。

（2）如果楼梯严重损坏，可借用架在部分稳定楼梯上的梯子上下。

（3）所有搜索的相关信息均应以图、文形式记录下来并标识在建筑物上（如所遭遇的危险，找到伤员的地点、地标和危险物等），为后期安全进入、救援和安全撤离提供指导，节省救援时间。

（4）建筑物倒塌导致水、电、气等管线损坏，天然气泄漏会降低空间的氧气浓度或产生混合气体爆炸。因此，进入废墟前应切断火源、进行空气检测，必要时通风。

二、犬搜索

犬搜索是现阶段搜索行动中普遍运用的搜索方式。

（1）犬的嗅觉是人的 100 倍以上，听觉是人的 17 倍，训练有素的搜索犬能在较短时间内进行大面积搜索并有效确定压埋在瓦砾下被困人员的位置，是建筑坍塌环境下最为理想的搜索方法。犬搜索的最小搜索单元是 3 名训导员和 3 只搜索犬。救援搜索犬在服役前必须经过严格的选拔和训练。犬搜索训练包括训导员的培训和搜索犬的训练。搜索犬训练包括犬种选择、服从性训练和技能训练。

（2）救援搜索犬宜选择体形中等、灵活、反应灵敏的犬，如比利时牧羊犬、德国黑贝、拉布拉多和史宾格犬等。服役的搜索犬应通过国家有关部门严格考核认证。通常每半年考核一次，不合格者应继续训练。在紧急救援时，如搜索犬数量不能满足要求，可对不合格或未经考核的犬进行临时训练，满足搜索犬的最低要求后使用。

（3）训导员必须经过专业培训并获得认证。由于犬搜索将随时配合其他救援组工作，训导员还必须掌握基本救援技术、了解危险物质知识以及具有紧急事件指挥能力和现场询问经验。

（4）搜索犬主要功能是寻找被压埋的幸存者，然而有许多犬对死者也能给出模糊的表现，对于这模糊的表现也必须标记在搜索草图上，供进一步搜索排查参考。

（5）注意犬搜索能力受环境条件（风向、湿度、温度）影响较大，为此，犬引导员应通过绘制空气流通图，指导犬搜索行进方向（犬应位于下风口）提高搜索效果。搜索犬每工作 30 分钟需休息 30 分钟。

三、仪器搜索

仪器搜索是指利用电子仪器搜寻被压埋在废墟下未被发现的受困人员并确定其位置，或在营救过程中通过仪器对被困人员及其所处环境成像，进而指导营救操作。目前仪器搜索通常被安排在人工搜索之后或配合搜索犬进行搜索，其主要原因除建筑坍塌搜救初期有众多可直接看到或听到呼救的被困者需要营救外，也要充分注意到目前市场上的搜索仪器还远不能满足建筑坍塌环境下搜索的需要。

1. 声波 / 振动生命探测仪

专门接收幸存者发出的呼救或敲击声音的监听仪器。声波 / 振动生命探测仪定位系统由拾振器、接收和显示单元、信号电缆、麦克风和耳机组成。

2. 光学生命探测仪

该仪器以其配有铰链连接带光源的细小探头进入救援人员看不到的孔洞搜寻被困人员或观察被埋在瓦砾堆下数米处被困者及其环境状态。利用该仪器可直观观察探头周围尤其是狭小空间情况，有的仪器同时还装有麦克风，实现语音传递。目前使用的光学生命探测仪多为杆式和蛇簧线缆式。按照信号传输方式分为普通电缆和光纤两种。

3. 红外线仪

红外线仪也称热成像仪，该仪器是目前在烟雾和灰尘弥漫环境下搜索受害者唯一的方法。该仪器在美国“9・11”事件中严重的烟雾环境下发挥了很大作用。

红外线仪的种类较多，其分辨率差别也较大。常用的红外线仪为手持式和头盔式。搜索人员通过位于头盔上的小型红外线仪所发现的热异常成像去搜索受害者或火源。

4. 电磁波生命探测仪

该搜索方法所采用的仪器有主动式和被动式。主动式是基于发射源和被探测目标之间在电磁波射线方向上存在运动时，从被探测目标反射回来的电磁波将发生振幅和频率变化，通常称为多普勒效应。被动式是基于探测生命体自身的电磁场。

四、综合搜索

人工搜索、犬搜索和仪器搜索方法具有各自的特点和适用条件。因此，在进行搜索救援行动时，应根据灾害情况和环境条件确定搜索方法。综合搜索方法对复杂环境下提高搜索效率和定位精度十分必要。

第三节 受困人员位置标识标记方法

压埋人员标记用于为救援人员确定潜在或已知的不明显的伤亡人员所处的地点，如：废墟下面 / 被掩埋。压埋人员标记应使用方法如表 6–1 所示。

（1）当队伍（例如搜索队）不在现场，不能立刻实施行动时，应进行现场标记。

（2）有多起伤亡或搜索行动的具体位置不能确定时，应进行现场标记。

（3）应该在靠近伤亡人员的建筑表面进行标记。

（4）队伍应根据情况使用喷漆、建筑蜡笔、贴纸、防水卡面等材料书写标记。

（5）标记大小应在 50 厘米左右。

（6）标记颜色需十分醒目，并与背景颜色形成反差。

（7）救援行动结束后标记应被废弃。

（8）除非建筑中有伤亡人员存在，否则不能在标有工作场地编号的建筑前侧标记。

表 6–1 压埋人员标记应用

序号	示例	标记释义
1	V	可能有压埋人员（无论是幸存者还是死亡人员）的地方标记一个大写的“V”字母
2	↙ V	可根据需要在“V”字旁边书写一个指示地点的箭头
3	↙ V L–1 ↙ V D–1	在“V”下面书写： 代表确认有幸存者的“L”字母，并在其后标明此处幸存者人数“L–1”“L–2”等，以及 / 或者代表确认有死亡人员的字母“D”，并在其后标明此处死亡人数“D–1”“D–2”等
4	↙ V ~~L–2~~ D–1 L–1	在死伤人员被转移之后，应划掉相关的标记，并（根据需要）在下方更新相关信息。例如：划掉“L–2”，书写“L–1”表示只有 1 名幸存者在此处
5	↙ V ~~L–1~~ ~~D–1~~	当所有的“L”和 / 或“D”标记都划掉时，所有已知压埋人员已全部被转移

第四节　搜索行动信息表格与图件

在搜索过程中或完成一个搜索现场后均应完成如下搜索表格和图件。

（1）倒塌建筑物搜索数据表，如表 6–2 所示。

（2）被困人员调查表，如表 6–3 所示。

（3）被困人员鉴别表，如表 6–4 所示。

（4）建筑物信息表，如表 6–5 所示。

（5）搜索现场草图，如图 6–1 所示。

表 6–2　倒塌建筑物搜索数据表

日期：		搜索救援队鉴定：
时间：		建筑物名称或描述：
倒塌日期：		倒塌时人员占有率：
倒塌时间：		建筑物的位置：
倒塌时的人员占有率类型		
居民	商业	工业
其他 / 描述		
结构类型		
轻型框架		预制板 / 砼楼顶
承重墙	重型楼板	
层数	塔式	可利用的蓝图或照片
结构工程师评价		
姓名：		
建筑物现状：		
营救信息		
已救出人数	发现受困人数	
救援队前期成果		
救援队名称	领导姓名	相关资料

表 6-3　被困人员调查表

亲属（被困者邻居、亲属、目击者，居民或可能提供关于被困者信息的其他人员均为调查对象）			
受困者全名	建筑物业主	被困者可能位置	相关信息

表 6-4　被困者鉴别表（对已救出的被困者）

被困者全部或其他鉴别资料	日期	时间	地点	救援人员的身份
发现的尸体				
死者全名或其他鉴别资料	日期	时间	地点	救援人员的身份

表 6-5　建筑物信息表

存在的潜在危险
被证实的危险
可利用的搜索手段
可利用的设备

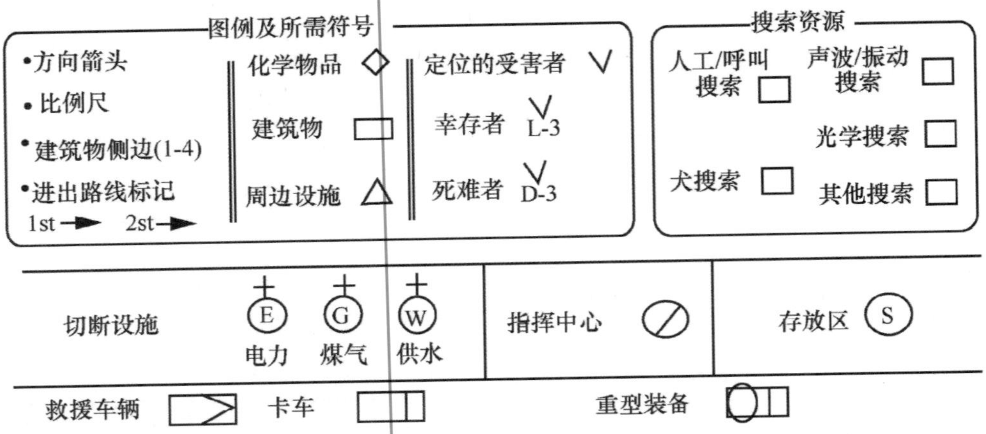

图例及所需符号					
•方向箭头	化学物品 ◇	定位的受害者 V		搜索资源	
•比例尺	建筑物 □	幸存者 V L-3		人工/呼叫搜索 □	声波/振动搜索 □
•建筑物侧边(1-4)	周边设施 △	死难者 V D-3			光学搜索 □
•进出路线标记 1st→ 2st→				犬搜索 □	其他搜索 □

切断设施	电力 E	煤气 G	供水 W	指挥中心 ⊘	存放区 S

救援车辆　卡车　重型装备

图 6-1　常用的搜索现场草图

第五节　现场搜索行动的基本程序

现场搜索行动按以下程序展开：

（1）搜集分析灾害事故现场有用信息。

（2）保护现场，拉隔离带。

（3）调查和评估建筑物的稳定性。

（4）营救表面幸存者和极易接近的被困者。

（5）如必要做搜索评估标记。

（6）绘制搜索区域或建筑物草图。

（7）确定搜索区域和搜索次序。

（8）选择搜索方法，宜按照搜索面积从大到小的次序进行展开。

（9）搜索实施过程，对某一区域应做到多种搜索方法的反复确认。

（10）不断分析搜索结果，重新评估修改，调整方案。

第六节　搜索仪器使用演示和实操

一、声波 / 振动生命探测仪

1. 系统工作原理

通过安装在搜索区域内的若干个拾振器检测发自幸存者的呼叫声音或振动信号，测定被困位置。拾振器间距一般不宜大于 5 米。

2. 操作指引

（1）联络信号。

搜索时可直接探测幸存者发出的呼救信号（呼叫或敲击）并测定其位置。如未接收到幸存者发出的信号，搜索人员可通过呼叫或敲击（重复敲击 5 次后，保持现场安静），向幸存者发送联络信号，通过仪器探测幸存者的响应信号并测定其位置。

（2）测定幸存者位置。

如探测到幸存者的呼救或响应信号，通过各拾振器接收到信号的强弱（理论上信号最强、声音最大的那个传感器距幸存者最近）判定幸存者位置。如果必要，将传感器排列重新布置，以进一步精确确定被困者的位置。

（3）传感器安置。

将所有传感器尽量安置在相同的建筑材料上并且与建筑构件的耦合条件要一致，才能有效提高搜索定位精度，同时还应注意不同建筑材料或结构物破坏形式不同对声波的传播和衰减效果也不相同，因此，不能简单地根据信号的强弱来判定受害者的位置。

此外，在进行探测时，应选择型号、性能相同的传感器，否则各传感器相互比较将失去意义。

3. 传感器排列方法

（1）环形排列搜索。

将拾振器围绕搜索区域等间隔布设，最多设 6 个传感器。

（2）半环形排列搜索。

将搜索区分成两个半环形区域，分两次进行搜索。

（3）平行搜索排列。

将搜索区分成若干个平行排列分别进行搜索，排列间距为 5 ～ 8 米。

（4）十字搜索排列。

在搜索区布设相互垂直的搜索排列，每条排列单独进行搜索。

4. 优缺点解析

（1）优点 。

① 搜索探测面积较大；

② 能拾取微弱的呼救声或敲击信号；

③ 可用其他搜索仪器进一步验证其发现；

④ 该仪器还可用来探测气体、流体的泄漏声音。

（2）缺点。

① 探测不到失去知觉的幸存者；

② 受环境噪声影响极大；

③ 要求受害者发出可识别的声音，婴幼儿则很难识别；

④ 监测范围较小（声波 7.5 米，振动 23 米），确定受害者准确方位慢。

二、光学生命探测仪

1. 操作指引

（1）在有自然空洞或缝隙的地方，可将光学仪器直接插入其中进行搜索。

（2）对无自然空洞的构筑物，其下有可能存在被困者，首先需机械成孔，然后进行搜索。钻孔排列方式视构筑物几何形状而定，可以是平行排列，也可以环形或交叉排列。

（3）由显示器看到的图像确定该图像位于孔中的方位是十分困难的，这需要有经验的仪器搜索人员，根据全方位图像进行分析确定。比较简单的办法是孔壁定位。

（4）配合营救行动时，采用本仪器可有效指导营救工作，避免伤害受害者。

（5）当探测到幸存者后，应标记其位置。

2. 优缺点解析

（1）优点。

① 能直接观察被困者的状态和所处环境；

② 比其他搜索方法的定位更直观可靠；

③ 在营救期间可指导救援人员安全营救行动；

④ 仪器操作简单，方便；

⑤ 记录图像可远距离传输。

（2）缺点。

① 工作环境受限制，必须有直径不小于 5 厘米的孔隙或空洞；

② 如必要，需钻观测孔，成本偏高；

③ 视野有局限性。

第七章

建筑物坍塌现场的医疗急救

简介和概述

本章重点讲述了建筑物坍塌现场医疗急救的基本内容和程序方法，对营救人员在建筑物坍塌灾害现场必须掌握的基本医疗急救知识和方法进行概要介绍。

本章结束时，你能够在建筑坍塌受困人员救援行动中具备基本现场医疗急救的能力，包括：

◎ 阐述现场急救的基本程序

◎ 常见的建筑物坍塌伤害

◎ 如何进行心肺复苏

◎ 如何运用四大技术

◎ 处理常见伤害的方法

本章讨论和实践的主题包括：

◎ 现场急救的基本程序和准备

◎ 常见的建筑物坍塌伤害

◎ 心肺复苏的方法和操作

◎ 四大急救技术方法和操作

◎ 建筑物坍塌医疗常见伤的解决方法

建筑物坍塌会造成大量的人员伤亡，其直接原因是建筑物破坏倒塌时，受害者受到了猛烈的砸击或被废墟瓦砾压埋。伤员的伤害以机械性创伤为主，同时，建筑物坍塌会产生严重的次生灾害，导致大量人员烧伤、窒息以及其他伤害。对此进行快速、有效的现场医疗救助是减少人员伤亡的重要措施之一。

第一节　现场急救的基本程序和准备

现场急救是指在发病或意外伤害现场对患者采取的救助行动。疾病或事故发生后，当即为患者实施现场救助的人称为现场救护者。

一、现场急救的基本程序

1. 判断

判断的内容有两方面。其一是现场环境稳定程度判断：救护人员首先要观察现场有无伤害因素，只有环境安全，才能心无旁骛地救助患者；其二是伤情或病情判断：救护者要了解患者的基本情况，病情或伤情是轻微还是严重，是否有生命危险等。

2. 呼救

呼救是指救护者要迅速求助于他人，特别是专门从事医疗急救的相关部门。呼救可分现场呼救和电话呼救，前者要招呼更多的人前来帮忙，后者是指拨打医疗急救电话。我国规定的统一医疗急救电话号码是“120”。

急救电话应叙述的主要内容：

（1）患者姓名、性别、年龄。

（2）确切地址、联系电话。

（3）发病时间、主要症状、目前情况。

（4）既往病史、用药情况。

（5）具体等车地点。

注意：

呼救者应确认接听者完全接收到求助信息后才可挂断电话。

3. 自救

自救是指在专业急救医生到来之前，现场人员采取的急救行动。自救人员可能是患者身边的人，也可能是患者自己。自救的内容因伤病情况而不同。

二、环境危险因素评估及防护方法

环境危险因素是指存在于发病现场的、有可能危及患者和救护者的各种因素。救护者在进入现场前必须仔细分析和判断，对存在的危险因素必须具备完善的应对策略和防护措施，或者将其排除，或者有良好的防护条件。

1. 触电二次伤害因素

指救护者在抢救触电患者时可能触电从而受到伤害的情况。

防护方法：

最重要的是救护者首先必须清楚地了解现场电源情况，这是进入触电现场的必要前提。需要了解的内容有：电源是否彻底切断；现场有无容易导致触电的因素（如空气是否潮湿，地面是否有水，是否下雨，患者周围有无电流的良导体等）。

2. 着火和爆炸因素

指在抢救现场存在的可能突然着火或爆炸的潜在可能性。

防护方法：

（1）在着火现场或有着火因素的现场抢救时，救护者需要了解火源是否被控制，是否有复燃的可能。

（2）明确周围有无易燃易爆物，有无挥发性化学物质，如在室内要问清煤气是否关闭并注意室内是否有异常气味等。

（3）在易燃易爆的环境中要特别注意有无明火或电火花产生的源头，如有人正在吸烟，电冰箱等电器的启动，干燥气候中人的衣物摩擦产生的静电等。

3. 自然危害因素

指自然环境中存在的某些潜在危险，如上游有无洪水及泥石流，海啸，闪电，雷击等。

防护方法：

（1）如果刚下过大雨，又需要在山谷里抢救患者时，要注意上游有无洪水及泥石流流下，应派专人观察，发现异常及时报告。

（2）大的地震可能引起海啸，如在海滩抢救患者时应想到这一点。

（3）在旷野抢救，遇有雷雨天气时要注意闪电、雷击，要避开高压线、大树等物体，不要使用手机。

（4）在高温地带抢救患者时要注意环境温度，同时要有散热及防暑措施，如备有防暑饮料，尽可能把患者移至阴凉地方等。

4. 建筑物倒塌因素

指救护者在不稳固的建筑中抢救时可能遇到倒塌而导致的危险。

防护方法：

在地震之后以及在危房等有倒塌危险的地方抢救患者时要了解建筑物是否稳固。对于有明显不稳固迹象的房屋，最好先由建筑相关专业人士检查，确认房屋无倒塌危险后方能进入现场。

5. 有毒气体、化学及放射性物质伤害因素

指现场存在有毒气体、化学及放射性物质泄漏时，对救护者可能造成的伤害。

防护方法：

在环境中有异常气味（毒气泄漏），抢救气体中毒或化学及放射性物质伤害的患者时，救护者必须了解相关毒气、化学及放射性物质的性质和危害性，尤其是在火灾环境或抢救在地窖、井底、化粪池或低洼地带不明原因昏迷的患者时，要考虑是否为毒气（如硫化氢等）中毒，不可贸然进入现场。

第二节 常见的建筑物坍塌伤害

被压埋人员存在的主要伤害有：压伤、砸伤、钝器伤、污染的空气造成的伤害、缺少水和食物造成的伤害、精神伤害与其他伤害等，以下是几种主要伤害可能导致的相关症状。

1. 压伤

（1）挤压综合征。

（2）阻隔综合征。

（3）各种各样的骨折。

（4）体内出血。

2. 砸伤

（1）手足、头骨和脊柱骨折。

（2）内出血和外出血。

3. 钝器伤

这些伤是由家具、松散的物体或建筑材料等撞击（在地震时高速坠落）人体造成的。主要包括：

（1）体内和体外出血。

（2）震晕。

（3）严重的擦伤。

（4）其他种类的伤害。

4. 污染的空气造成的伤害

该类伤害常常是由结构倒塌环境中的大量灰尘引起的，在某些情况下也可能是由危险或易燃气体造成的。主要包括：

（1）呼吸困难。

（2）心跳停止。

（3）呼吸停止。

（4）神志不清。

5. 缺少水和食物造成的伤害

（1）脱水。

（2）饥饿。

（3）休克。

（4）肾衰竭。

6. 精神伤害

长时间被压埋于废墟中所导致的精神绝望和外伤造成的精神压力。

一、挤压综合征

挤压综合征是由于肢体或大面积肌肤被压迫造成长时间的血液循环障碍，从而使血液中的毒素升高而引发的并发症。

当某一肢体夹在两个物体之间长时间承受压力时会导致挤压综合征。这是在倒塌建筑物中被压埋人员常常遇见的问题。由于肢体末梢失血而造成肿胀是这类症状的主要表现。

当挤压伤员躯体的物体被移走的时候，即使给伤员包扎止血带，病人也会遭受痛苦，而那些由于躯体被压迫而导致体液被阻隔在血液里产生的毒素，在阻隔被解除后回流到心脏常常会带来致命的后果。

根据对挤压综合征病人的研究，如果病人及时接受适当的治疗，大约有 60% 的病人可以存活下来。挤压综合征并不是在所有受害者中都会遇见的。一般来说，挤压综合征的特征有以下三个方面：①涉及大面积的肌肉；②过长时间的重压；③危及血液循环。例如：一只手被卡住是不太可能引起挤压综合征的。可能出现这种症状的平均挤压时间是 4~6 小时，但也有挤压时间不到 1 小时就可能产生该症状。

当处理不确定的压伤病人时，救援人员面临的主要问题是劝阻那些乐于助人的旁观者，不要在治疗以前试图移去压在伤员肢体上的物体。

挤压综合征的症状如下：

（1）精神焦虑。

（2）呼吸困难。

（3）血压降低。

（4）体温变化。

（5）脉搏加快。

（6）心跳无力。

（7）丧失知觉。

（8）脉搏消失并发肢体末梢毛细血管回流。

（9）休克昏迷。

二、阻隔综合征

当肌肉被卡在一个封闭空间内，肌肉纤维和神经的破坏造成的肿胀引起肌肉内的压力增加。

阻隔综合征不是从一开始就会出现的，经常要历经几个小时的发展才会形成。阻隔综合征可能是由压伤、开裂的骨折、持续的压迫或血液回流造成的，由于肌肉所受压力增大且持续的时间长，最终会造成软组织坏死。

阻隔综合征可在身体的许多部位发生，常出现的位置是前臂、小腿和大腿。

引起阻隔综合征要有两个必要条件：一是肌体组织的肿胀处没有可用空间；二是肿胀处的压力不断增加。

阻隔综合征主要症状如下：

（1）在无知觉的病人肢体上存在肿胀。

（2）严重的疼痛，不规则的创伤。

（3）被阻隔肢体的肌肉长时间疼痛。

（4）脉搏微弱。

（5）毛细血管血液回流微弱。

（6）休克。

（7）脱水。

（8）被影响的肢体丧失运动功能。

第三节　心肺复苏的方式和操作

一、徒手心肺复苏

指现场救护者为心脏骤停患者施行胸外心脏按压和人工呼吸的技术。心肺复苏术可以为患者建立临时的人工循环，保证心脏、脑等重要器官的血液供应，从而挽救患者的生命。心肺复苏应尽早实施，这是由于人脑细胞对缺氧最敏感，如脑组织超过 4 分钟无氧气供应，则可能导致永久性的脑损伤。

心脏骤停发生后，抓住黄金 4 分钟，对患者实施高质量的心肺复苏最为有效。通常在发生心脏骤停后，脑组织对于缺氧最为敏感。3~4 秒会出现头晕、黑蒙的症状；10~20 秒意识突然丧失，会伴有抽搐症状；30~45 秒双侧瞳孔散大，对光反射消失；30~60 秒呼吸停止，可伴大小便失禁；4 分钟为救命的黄金时间，超过 4 分钟脑细胞开始发生不可逆损伤；10 分钟，出现脑死亡。

心脏骤停刚发生时，机体组织细胞代谢尚未完全停止，细胞仍有生命活动，如能及时、正确地抢救，患者有复苏的可能。

1. 基础生命支持

基础生命支持由 4 个主要部分组成：

（1）人工循环。

（2）开放呼吸道。

（3）人工呼吸。

（4）电除颤。

2. 生存链

美国心脏协会在 1992 年提出了“生存链”的概念。“生存链”是将心肺复苏的四个步骤看作一条四环相扣的锁链，若其中一环断裂，其功能就会受到影响。“生存链”包括：早期识别、呼救；早期心肺复苏；早期电除颤；早期高级生命支持。这四个步骤决定了心脏骤停患者的生存率。

成人基础生命支持包含了生存链中的前三个环节。BLS的目的是使患者尽快恢复自主循环。《2010美国心脏协会心肺复苏及心血管急救指南》在生存链中添加了第5个环节，以强调心脏骤停后治疗的重要性，如图7–1所示。

成人基础生命支持简化流程：基础生命支持，是心脏骤停后挽救生命的基础，包括心脏骤停的识别、紧急反应系统的启动、早期心肺复苏、迅速取得并使用自动体外除颤仪除颤。

图7–1　院外心脏骤停的成人生存链

二、心肺复苏术

1. 心肺复苏动作要点

（1）心肺复苏体位：患者应仰卧在坚硬平面上，若患者处于俯卧位，应将其转为仰卧位，翻转时应保持患者的头、颈、脊柱在同一轴线。

① 救护人员位于患者的一侧；

② 将患者的一侧上肢向头部方向伸直；

③ 把患者另一侧的小腿搭放在对侧腿上，两腿交叉；

④ 救护人员一只手托住患者的头、颈部，另一只手抓住远离救护人员一侧的患者腋下或胯部；

⑤ 将患者呈整体地翻转向救护人员；

⑥ 患者翻为仰卧位，再将患者上肢置于身体两侧。

（2）胸外按压的部位：位于患者胸部中央，胸骨下½段，也就是胸骨中线与两乳头连线的交汇点。按压深度至少5厘米。按压频率为每分钟至少100次。我们可以用读两位数的方式，这样计数01，02，03，04……

救护人员在操作时，双腿跪在患者一侧，两手掌根重叠，十指相扣翘起，两肘伸直，以髋关节为轴，用上身的力量垂直向下用力按压，按压深度至少5厘米，按压后保证胸廓充分回弹，让血流充分回流至心脏，回弹时掌根不得离开胸壁，以每分钟至少100次的速度按压，尽量减少胸外按压的中断。

（3）打开气道：打开气道通常使用仰头提颏法，它可解除无反应患者的气道梗阻。具体做法是，将一只手置于患者的前额，然后用手掌压额头，使头后仰，将另一只手的食指和中指置于下颏的骨性部位，使头部后仰，下颏抬高。注意提颏时不要关闭口腔或推挤下颌软组织，这样可能会阻塞呼吸道。如果怀疑患者颈椎损伤时，不可采用这种方法为其打开气道，应采用托颌法。

如见到患者口中有呕吐物、假牙等异物，应立即清除。

（4）人工呼吸：在开放呼吸道的状态下，救护人员用压额手的拇指和食指捏闭患者双侧鼻翼，正常吸一口气，用口严密包住患者口唇，缓慢吹气，吹气量约 500 ~ 600 毫升，持续 1 秒，使患者胸廓隆起。吹气结束后，操作者口唇离开患者的口部，使气体被动呼出。吹气要连续两次。避免过度吹气。吹气的同时救护人员要用余光观察患者胸部是否隆起。

（5）恢复体位：这个体位是为了维持畅通的气道并减少气道阻塞及误吸的风险，同时允许施救者观察和方便处理患者。

具体操作方法是：

① 将伤病员远离救护人员一侧的上肢上举；

② 另一只手臂屈曲置于远离救护人员一侧的肩部；

③ 将伤病员近救护人员一侧的膝关节屈曲，同时扶住膝部；

④ 救护人员另一只手放在伤病员的肩部，轻轻将伤病员翻转背向救护人员，将伤病员的头枕在上举的臂上；

⑤ 用仰头提颏法打开气道，保持呼吸道畅通，放在肩部的手掌心朝下置地上。最后把伤病员屈曲的腿成 90° 弯曲，膝关节内侧着地，起到稳固作用；

⑥ 等待救护车的到来。

2. 心肺复苏程序

成人心肺复苏程序，简称 C–A–B。从胸外心脏按压开始，会在成人无反应或无正常呼吸时实施心肺复苏。进行 30 次胸外心脏按压，然后开放气道，再进行两次人工呼吸。

3. 心肺复苏操作流程

（1）确认现场环境安全。救护人员在进入现场前必须仔细分析和判断，对存在的危险因素必须具备完善的应对策略和防护措施，或者将其排除，或者有良好的防护条件。不具备上述条件时不能贸然进入现场。

（2）判断患者意识和呼吸。用手以适度力量拍打患者肩部，在患者耳边大声呼喊，查看患者有无反应，同时检查患者有无呼吸。如果患者没有任何反应，且没有呼吸或不能正常呼吸仅仅是濒死样喘息，立即进行下一步。

（3）启动急救反应系统。立即拨打急救电话，或请身边的人协助拨打急救电话及抢救，有条件时快速取来自动体外心脏除颤器（AED）。急救电话应叙述的主要内容有：现场联系人姓名、联系电话、患者性别、年龄、事件发生的时间、地点、事件性质及过程、现场目前情况、伤病者数量、已采取的救治措施、接应救护车的具体地点等情况。要注意的是，呼救者应确认接听者完全接收到求助信息后才可挂断电话。

（4）胸外心脏按压。使患者仰卧在硬的平面上，急救人员两手掌根重叠，十指相扣翘起，

按压胸骨下 ½ 段，垂直向下用力按压 5~6 厘米，按压后放松，使胸廓充分回弹。以每分钟至少 100 次的速度按压。尽量减少胸外按压的中断 。

（5）清理口腔、开放气道。胸外心脏按压 30 次后立即开放患者气道。用于解除意识丧失患者因舌后坠而引起的呼吸道阻塞。如见到患者口中有呕吐物、假牙等异物，应立即清除。将患者头侧向一边，用手指小心取出口腔内异物。

（6）人工呼吸。开放气道后立即进行两次人工呼吸，每次吹气时间为 1 秒钟，吹气时应能见到患者胸廓起伏。

胸外按压与人工呼吸的比例为 30：2，30 次胸外按压和 2 次人工呼吸为 1 个循环。

（7）重新评估呼吸循环。连续心肺复苏 5 个循环，约 2 分钟后，用少于 10 秒钟的时间检查呼吸、心跳是否恢复。

（8）及时取来 AED。使用 AED 检查心律，根据语音提示，必要时进行电击除颤。AED 应尽早使用。

4. 心肺复苏成功的标志

患者恢复自主心跳、自主呼吸和意识。有效心肺复苏还可以参考以下表现：患者眼球活动，出现睫毛反射，瞳孔由扩大逐渐回缩变小；有知觉、反应及呻吟，四肢有活动；脸色转红等。如患者出现以上指征，应将患者置为恢复体位，等待救护车到来。

5. 心肺复苏可以终止的条件

当患者已经恢复自主呼吸和心跳，有专业医务人员接替抢救；现场环境已不安全或救护人员已精疲力竭，医生确认患者死亡时，可以停止心肺复苏抢救。对于触电、溺水等意外事故，应适当延长抢救时间。

6. 成人心肺复苏操作流程

（1）确认现场环境安全。

（2）进入现场后迅速判断患者意识和呼吸。

（3）立即启动急救反应系统，拨打急救电话。

（4）进行胸外心脏按压 30 次，清理口腔开放呼吸道。

（5）进行 2 次人工呼吸。

（6）5 个循环后重新评估呼吸循环。

（7）尽早取来 AED 并使用。

7. 成人、儿童、婴儿在实施心肺复苏的过程中的区别

（1）检查意识：儿童与成人相同，都是轻拍患者双肩，在耳边大声呼喊；婴儿是用手指轻弹患儿一只脚的脚心，同时呼唤患儿名字。

（2）胸外按压的定位：儿童与成人一样，位于胸骨中线与两乳头连线的交点；婴儿是两乳头连线正下方。

（3）胸外按压：成人是双手按压，儿童单手按压，婴儿用两手指按压。

（4）胸外按压的深度：成人不少于 5 厘米，儿童与婴儿的按压深度至少为胸部前后径的 1/3。

（5）气道打开角度：成人是下颌角与耳垂的连线与地面呈 90°，儿童是 60°，婴儿是 30°。

（6）人工呼吸：成人、儿童是口对口进行人工呼吸，对婴儿使用口对口鼻进行人工呼吸。

8. AED 的使用

AED 是一部具有心脏节律自动分析系统、除颤咨询系统、自动化诊断、自动除颤及自动语音提示功能的医疗仪器。心脏电击除颤，简称除颤，是使除颤器在瞬间发出的电流通过心脏，以终止心脏所有不规则、紊乱的心电活动，等待心脏窦房结重新发出规律的冲动，恢复心脏自主控制的心律。尽早开展心肺复苏，及时取得 AED 并正确使用，能大大提高心肺复苏成功的概率。

三、呼吸道异物阻塞的救治

呼吸道异物阻塞指异物阻塞了呼吸道，导致呼吸困难甚至窒息。呼吸道异物阻塞的发病人群多为老年人和儿童，早期识别非常重要，如不及时解除，数分钟内即可致患者死亡。呼吸道轻微阻塞时，清醒患者用手紧握喉部，手呈“V”字状；呼吸道部分阻塞时，患者出现呛咳、喘息；呼吸道大部分阻塞时，患者咳嗽弱而无效，吸气时高调嗓音，呼吸困难加重，面色青紫；呼吸道完全阻塞时，患者不能呼吸、说话或咳嗽，进而发生昏迷。

如患者神志清醒，能站立或坐稳，救护人员应采取上腹部冲击法或胸部冲击法解救。

（1）上腹部冲击法又称海氏法。通过冲击患者腹部，使横膈肌急速提升，呼吸道内压力骤然升高，让气流将异物从呼吸道内排出。具体操作方法是：救护人员站在患者背后，双手环抱患者腰部，让患者弯腰，头部向前倾、张口。救护人员一手握空心拳，将拇指侧顶住患者腹部正中线肚脐上方两横指处，另一手掌紧握在握拳的那只手上，两手用力向患者腹部后上方冲击，约每秒钟冲击一次，每次冲击动作要明显分开。连续冲击 5 ~ 6 次后观察效果，如异物仍未能被排出，可重复上腹部冲击动作。

（2）对于不完全呼吸道异物阻塞患者，意识清醒，具有一定救护知识和技能，并且当时又无他人在场相助的情况下，可采取自救腹部冲击法。可选择将上腹部压在坚硬物上，如桌边、椅背或栏杆处，连续向内向上冲击，直到异物排出。

（3）若患者无意识有呼吸，应采用腹部冲击法。腹部冲击部位定位在脐上二横指处，腹部冲击 5 次。检查异物是否排出，如已排出，用食指钩取异物。无效时应重复进行。

（4）如患者是孕妇或由于肥胖不适宜使用腹部冲击法时，救护人员可按压患者胸骨下半段，位置同胸外心脏按压。连续按压 5 次后观察效果，无效时应重复进行。

（5）确定婴儿（1 岁以下）发生了呼吸道异物阻塞，如患儿不能哭、咳嗽，甚至不能呼吸，救护者可采取拍背或胸部冲击法解救。将患儿身体俯卧在救护者的前臂上，头部向下。救护者用手支撑患儿的胸部及下颏使其气道打开，用另一只手的掌根在患儿背部的两肩胛骨之间拍击 5 次（5 秒钟）。如异物未被排出，可采取胸部冲击法。将患儿身体仰卧在救护者的前臂上，头部向下。救护者用手支撑患儿的头部及颈部，用另一只手的两指在患儿的胸部正中两乳头连线下方连续按压 5 次后，检查口腔，用手取出阻塞物。如无效，应在送往医院途中持续抢救。

（6）若患者无呼吸、无脉搏，应立即进行心肺复苏抢救。

第四节　四大急救技术方法和操作

一、止血

（一）判断出血

1. 出血的种类

（1）动脉出血：血色鲜红，呈喷射状。

（2）静脉出血：血色暗红，呈缓慢涌流状。

（3）毛细血管出血：血色鲜红，呈片状渗出。

2. 出血的部位

白天观察较容易，夜间观察则相对困难，应采用一问、二摸、三看的方法。

一问：若伤员神志清醒时，可询问其受伤部位。

二摸：可用手摸被血液浸湿的衣服，并要注意血迹的温度和黏度。

三看：可借用月光、路灯、手电筒、应急灯等各种光线，仔细观察伤员身体各部。

3. 出血的程度

注意伤员全身情况的变化，出血多者常有下列特点：

（1）皮肤和黏膜呈现苍白色。

（2）脉搏细速，四肢发凉。

（3）皮色潮湿，全身衰竭。

（4）躁动不安，伴有烦渴。

（5）严重者有时会出现昏迷等。

上述变化，多半是因有效循环血量和血内有形成分减少导致急性缺血和缺氧。

（二）止血方法

1. 指压止血法

指压止血法是一种简单而有效的临时止血法，根据动脉走行位置，在伤口的近心端，用手指将动脉压在邻近的骨面上来止血；也可用无菌纱布直接压于伤口来止血。多用于头部、颈部及四肢的动脉出血。以下是几个不同部位出血的指压止血法，具体操作如下。

（1）面动脉压迫法：用于眼以下的面部出血。在下颌角前约 2 厘米处，将面动脉压在下颌骨上。有时需两侧同时压迫才能止住血，如图 7–2 所示。

（2）颞浅动脉压迫法：用于同侧额部、颞部出血。在耳前对准下颌关节上方处加压，如图 7–3 所示。

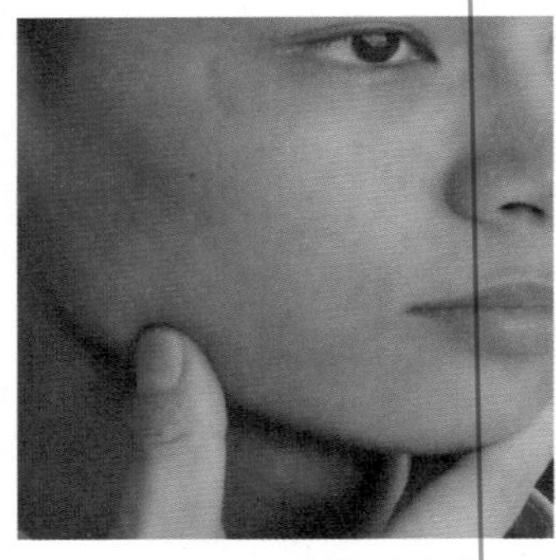
图 7–2 面动脉压迫法

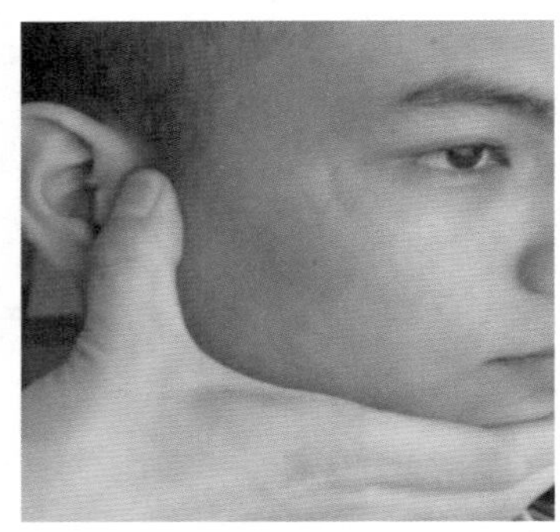
图 7–3 颞浅动脉压迫法

（3）颈总动脉的压迫法：用于颈部出血。一般于喉结水平向左或右及后加压，如图 7–4 所示。

（4）锁骨下动脉压迫法：用于同侧肩部和上肢出血。在锁骨上窝、胸锁乳突肌下端后缘，将锁骨下动脉向下方压于第一肋骨上，如图 7–5 所示。

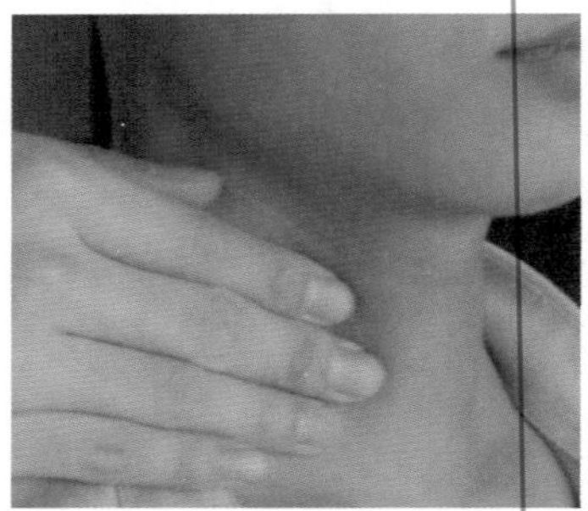
图 7–4 颈总动脉压迫法

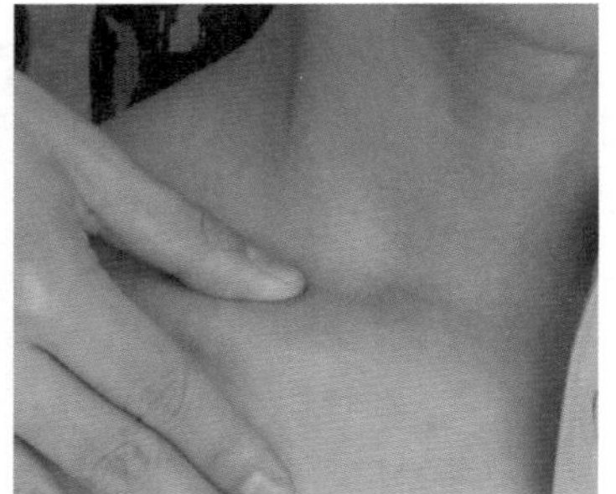
图 7–5 锁骨下动脉压迫法

（5）肱动脉压迫法：用于同侧上臂下 ⅓ 处、前臂和手部出血。在上臂内侧中点、肱二头肌内侧沟处，将肱动脉向外压在肱骨上，如图 7–6 所示。

（6）桡、尺动脉压迫法：用于手部大出血。救护者双手的拇指和食指分别压迫伤侧手腕的桡动脉和尺动脉，因为二者在手掌有广泛的吻合，所以必须同时压迫桡动脉和尺动脉，如图 7–7 所示。

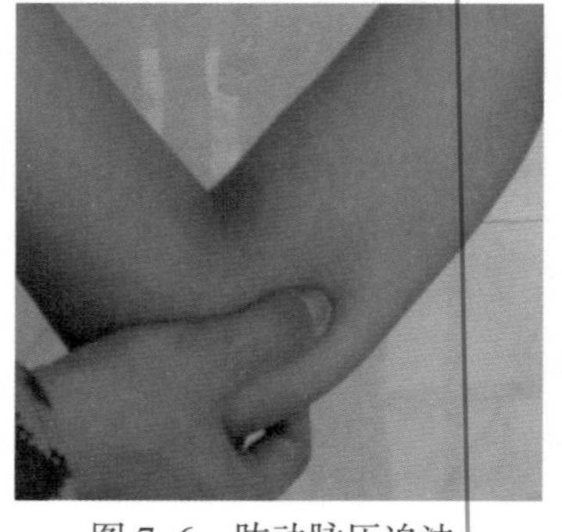
图 7–6 肱动脉压迫法

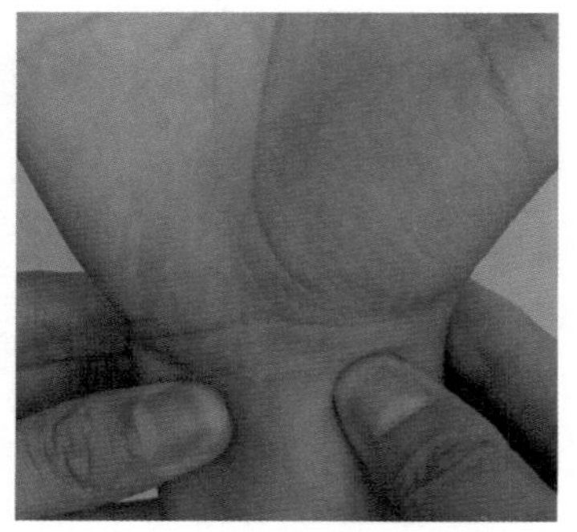
图 7–7 桡、尺动脉压迫法

（7）股动脉压迫法：用于下肢出血。在腹股沟韧带中点下方压迫搏动的股动脉，如图 7–8 所示。

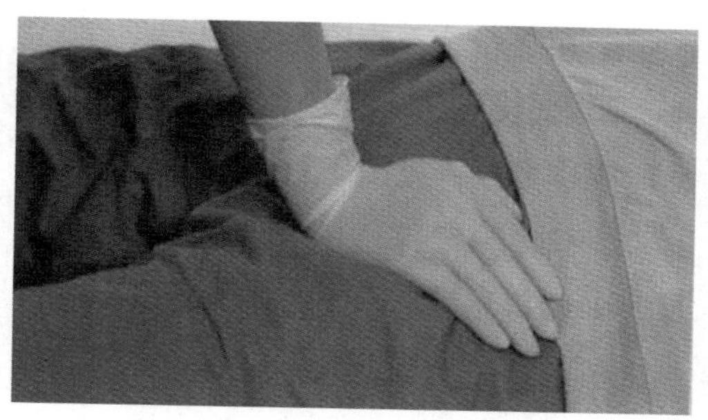

图 7–8　股动脉压迫法

2. 加压止血法

用消毒纱布或干净毛巾、布料折叠成比伤口稍大的垫，放在伤口上，再用绷带加压包扎，如图 7–9 所示。包扎的压力应适度，以达到止血而又不影响肢体远端血运为度。包扎后若远端动脉还可触到搏动，皮色无明显变化即为适度。这种方法对多数伤员能够达到止血目的。

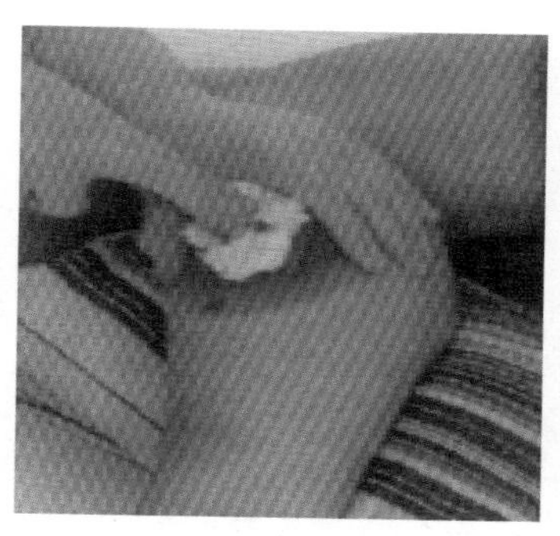
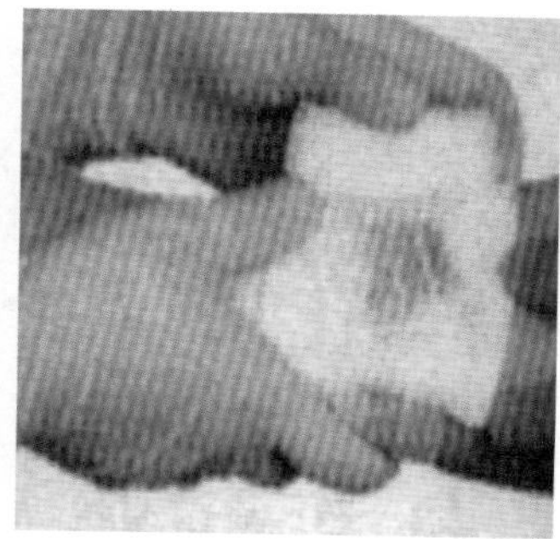

图 7–9　加压止血法

3. 填塞止血法

用消毒纱布、敷料（如没有，用干净的布料替代）填塞在伤口内，再用加压包扎法包扎。救护员和志愿者只能填塞四肢伤口。伤口内有碎骨片时，禁用此法，以免加重损伤。

4. 止血带止血法

止血带止血法是震后救护中对出血伤员常用的止血方法，多用于四肢较大的动脉出血。

1）止血带止血法的种类

（1）橡皮止血带止血法：目前，制式止血带主要是橡皮止血带。先在出血处的近心端用纱布垫或衣服、毛巾等物垫好，然后再扎橡皮止血带。方法是：用左手（或右手）拇、食、中指夹持止血带头端，将尾端绕肢体一圈，后压住止血带头端和手指，再绕肢体一圈，用左手食、中指夹住尾端，抽出手指系成一活结，如图 7–10 所示。上止血带的部位在上臂上 ⅓ 处、大腿中上段。

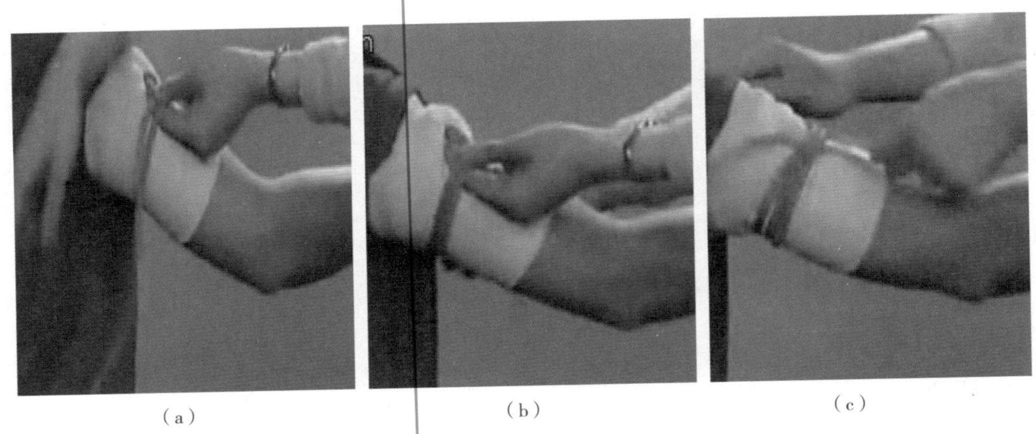

（a）　（b）　（c）

图 7–10　橡皮止血带止血法

（2）绞棒止血法：在无制式橡皮止血带的情况下，可将三角巾、绷带、手帕、纱布条等就便材料折叠成带状，缠绕在伤口近心端（仍需加垫），并在动脉走行的背侧打结；然后用小木棒、铅笔等插入绞紧，直至不再出血为止，如图 7–11 所示。其步骤是：一提，二绞，三固定。

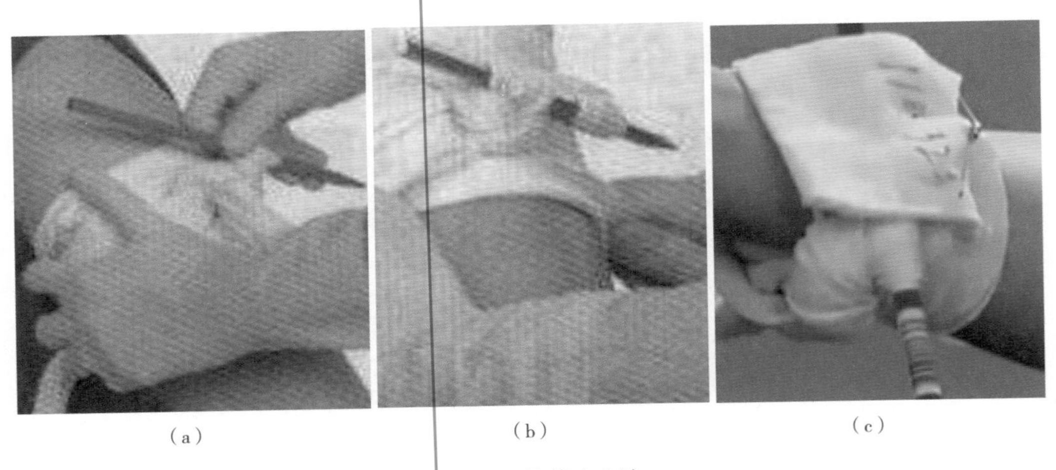

（a）　（b）　（c）

图 7–11　绞棒止血法

2）使用止血带的注意事项

止血带止血操作简便、效果确定，但使用不当则会增加伤员痛苦，甚至造成残废。在使用止血带时，必须注意以下几点：

（1）先扎止血带后包扎，若能用加压包扎等其他方法止血时，最好不用止血带止血。

（2）扎止血带要松紧适度，以达到压迫动脉为目的。太松仅仅压迫了静脉，使血液回流受阻，反而出血更多，并会引起组织瘀血、水肿；太紧会导致软组织、血管和神经损伤。

（3）上止血带前，先要用毛巾或其他布片、棉絮作垫，止血带不要直接扎在皮肤上。紧急时，可将裤脚或袖口卷起，止血带扎在其上。

（4）止血带必须扎在靠近伤口的近心端，而不强求标准位置。前臂和小腿扎止血带不能达到止血目的，故不宜采用。

（5）必须注明扎止血带的时间，以便在后送途中按时松解止血带。通常以每隔 1 小时松一次为宜，每次松 1~2 分钟。放松时，要用手压迫止血。在松解止血带时必须注意防止再次突然出血而导致血压急剧下降，容易使扎止血带以下的组织分解产物突然被大量吸收入血，引起或加重休克。因此，不能轻率地松解止血带。需要放松时，要轻、慢，不能完全解除。扎止血带的总时间越短越好，最好不超过 5 小时。如有外伤性截肢，而止血带又是扎在最靠近伤口时，则中途可以不松解止血带。

（6）出血伤员必须挂有明显的出血标志，并优先后送。寒冷季节应注意保暖。

5. 止血粉止血法

将止血粉直接撒在出血创面上，立即用消毒纱布加压包扎，即能达到止血目的。

二、包扎

包扎在救护中应用非常广泛，有止血、保护伤口、防止感染、扶托伤肢，以及固定敷料夹板等作用。目前，常用的制式包扎材料有急救包、三角巾、绷带、四头带等。如没有现成的急救敷料，也可用干净的毛巾、被单、衣服等。

1. 包扎的注意事项

快。发现、暴露、检查、包扎伤口要快。

准。包扎部位要准确。

轻。动作要轻，不要碰压伤口，以免增加伤口流血和疼痛。不要压迫脱出的内脏，禁止将脱出的内脏送回腹腔内。

牢。包扎牢靠、松紧适宜，打结时要避开伤口和不宜压迫的部位。

细。处理伤口要仔细。当找到伤口后，先将衣服解开或脱去。在紧急或寒冷情况下，可将衣服剪开，以充分暴露伤口；足受伤后，应脱掉鞋袜。伤口内的异物，不可随意取出，以防引起出血和内脏脱出。在可能情况下，伤口周围用酒精或碘酒消毒，接触伤口面的敷料必须保持无菌，以防止加重感染。四肢包扎时，指（趾）端应露出，以便随时观察局部血液循环情况。

2. 包扎的种类

三角巾及就便器材包扎法：三角巾应用范围广、操作方法简便、易于掌握、包扎面积大、效果确定，尤其是适用于大面积烧伤与软组织创面的包扎。三角巾的用法：撕开胶合边一侧的剪口，取出三角巾后将敷料放于伤口上，然后用三角巾包扎。人体各部位的三角巾包扎法及就便器材的包扎法如下：

（1）头面部包扎法。

帽式包扎法：将三角巾底边折叠约 2 指宽，放于前额眉上。顶角拉至脑后，左右两底角沿两耳上方往后，拉至脑后交叉，并压紧顶角；然后再绕至前额打结。顶角拉紧，向上反折，将角塞进两底角交叉处，如图 7–12 所示。此法适用于颅顶部的包扎。

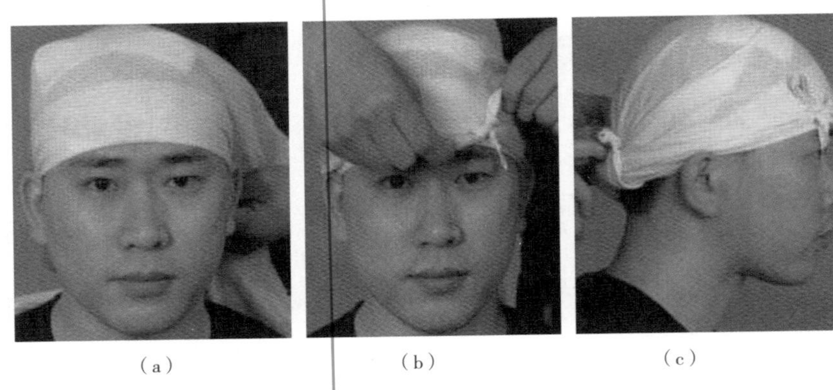

（a）（b）（c）

图 7–12 帽式包扎法

（2）单耳或双耳带式包扎法。

把三角巾折成带形，宽约 5 横指，从脑后斜向前上绕行，把伤耳包住；另一侧角经前额至健侧耳上，两侧角交叉，于头的一侧打结固定，如图 7–13 所示。如包扎双耳，则将三角巾条带中部放于脑后，两角斜向前上绕行，将两耳包住，在前额交叉，以相反方向环绕头部，两侧角相遇打结固定。

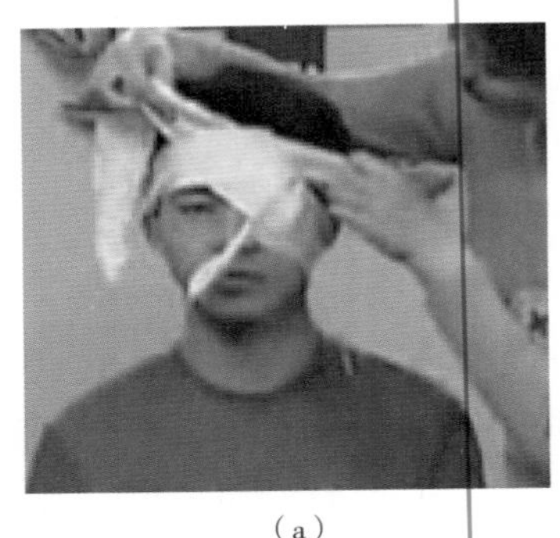

（a）

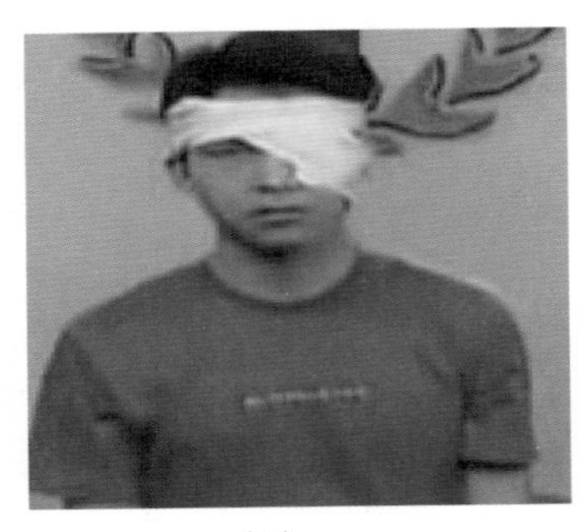

（b）

图 7–13 单耳带式包扎法

（3）肩部包扎法。

单肩燕尾式包扎法：将三角巾折叠成燕尾状，燕尾角放在肩部正中对准颈部，燕尾底边两角包绕上臂上 ⅓ 处并打结，拉紧两燕尾角，分别经胸背在对侧腋下打结，如图 7–14 所示。也可采用衣袖包扎，即沿腋下衣缝剪开伤侧长袖至肩峰下约 8 厘米处，用一小带束臂打结，然后将衣袖向肩背部反折，袖口结带，经对侧腋下绕至胸前打结。

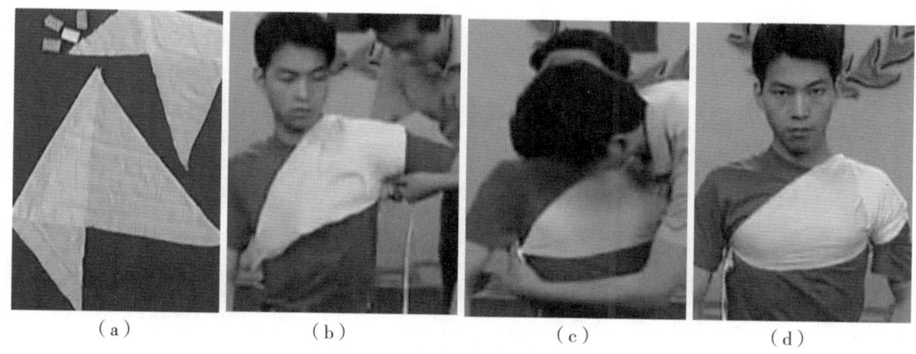
(a) (b) (c) (d)

图 7–14 单肩燕尾式包扎法

（4）胸（背）部包扎法。

胸（背）部一般包扎法：三角巾底边横放在胸部，顶角从伤侧越过肩上折向背部；三角巾的中部盖在胸部的伤处，两底角拉向背部打结。顶角结带也和这两底角结打在一起，如图 7–15 所示。背部包扎则和胸部相反，即两底角于胸部打结固定。

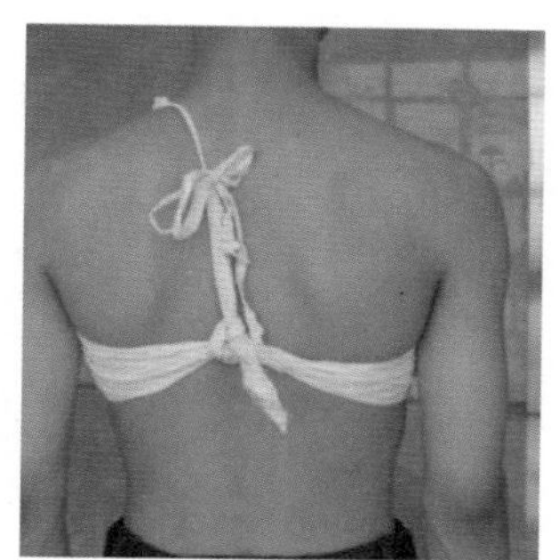

图 7–15 胸（背）部一般包扎法

胸（背）部燕尾式包扎法：先将三角巾折成燕尾状，置于胸前，两燕尾底角分别结上系带于背后打结；然后将两燕尾角分别放于两肩上，并拉向背后，与前结余头打结固定，如图 7–16 所示。背部包扎与胸部相反，既两底边角在胸部打结。

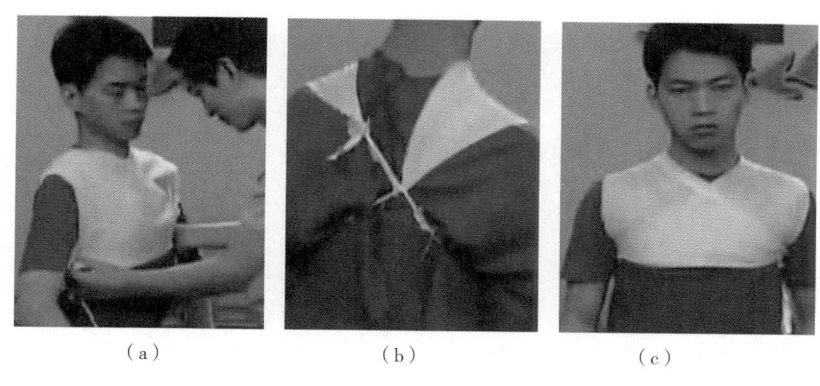
(a) (b) (c)

图 7–16 胸（背）部燕尾式包扎法

侧胸燕尾式包扎法：将三角巾折成燕尾状放于伤侧，两底边角带在季肋部打结；然后拉紧两燕尾角于对侧肩部打结，如图 7–17 所示。

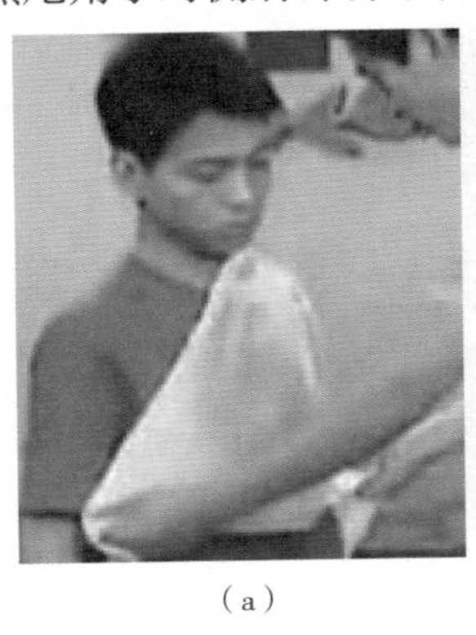
（a）

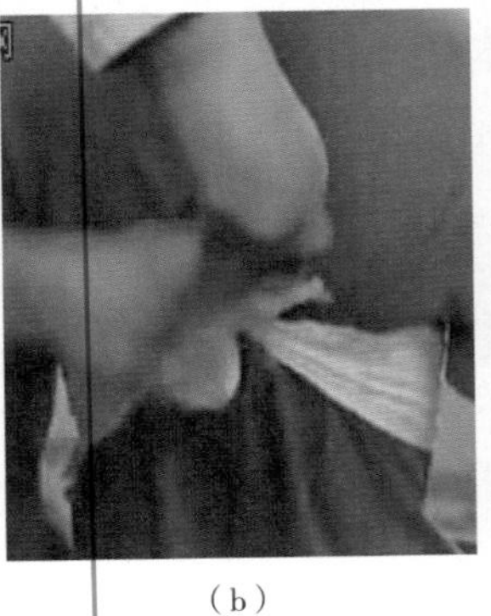
（b）

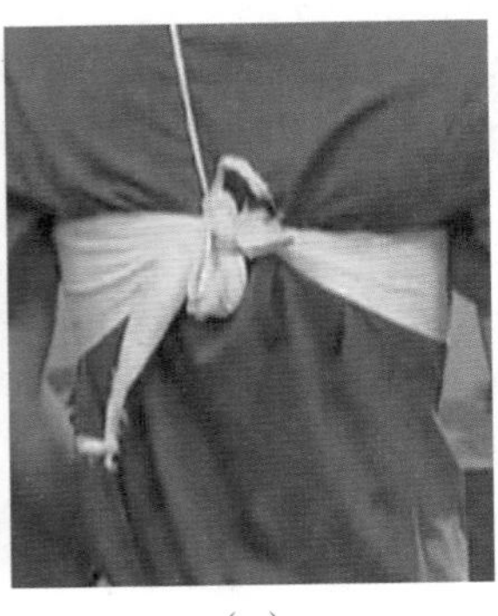
（c）

图 7–17　侧胸燕尾式包扎法

（5）腹部包扎法。

腹部兜式包扎法：将三角巾顶角朝下，底边横放于上腹部，两底角拉紧于腰部打结；顶角结一小带，经会阴拉至后面，同两底角的余头打结，如图 7–18 所示。

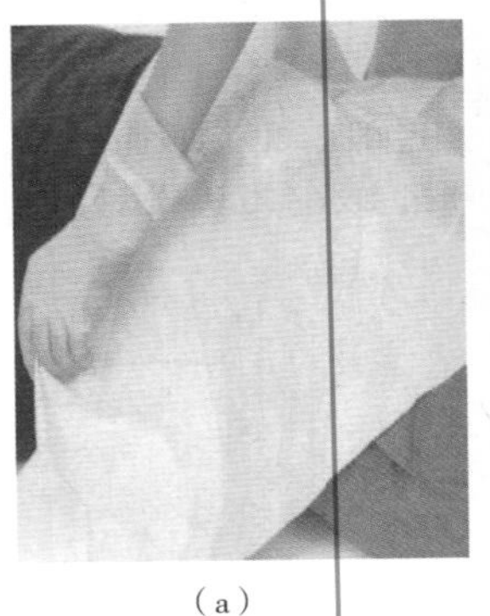
（a）

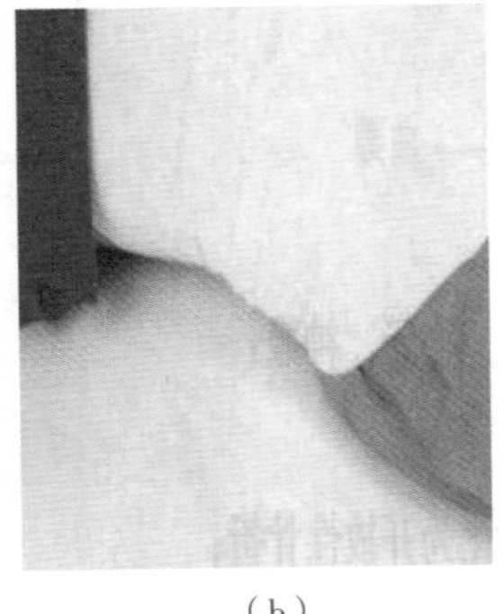
（b）

图 7–18　腹部兜式包扎法

腹部燕尾式包扎法：先在燕尾底边的一角系带，夹角对准大腿外侧正中线，底边两角绕腹于腰背打结；然后两燕尾角包绕大腿，并相遇打结。包扎时应注意：燕尾夹角成 90° 左右，向前的燕尾角要大，并压住向后的燕尾角，如图 7–19 所示。

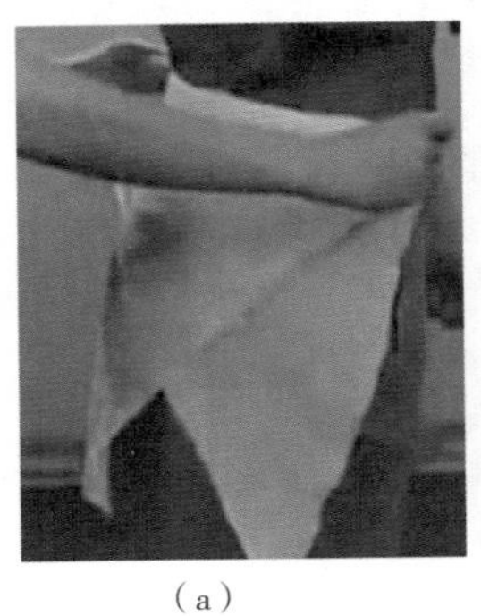
（a）

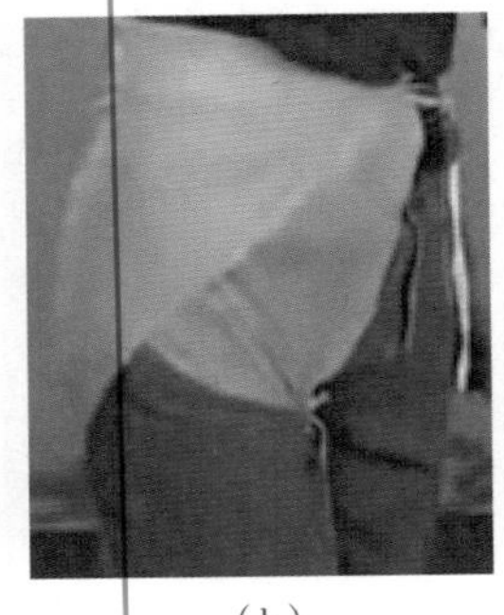
（b）

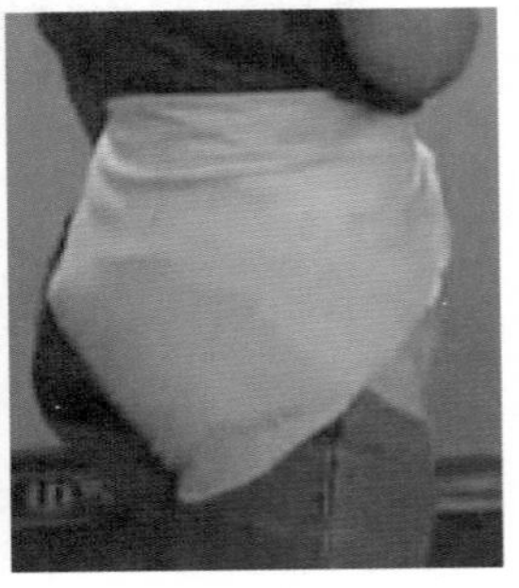
（c）

图 7–19　腹部燕尾式包扎法

（6）四肢包扎法。

手（足）包扎法：适用于手或足有外伤的伤员，包扎时一定要将指（趾）分开。将三角巾底边向上横置于腕部或踝部，手掌（足掌）向下，放于三角巾的中央，再将顶角折回盖在手背（足背）上；然后将两底角交叉压住顶角再于腕部（踝部）缠绕一周打结。打结后，应将顶角再折回并打在结内，如图 7–20 所示。

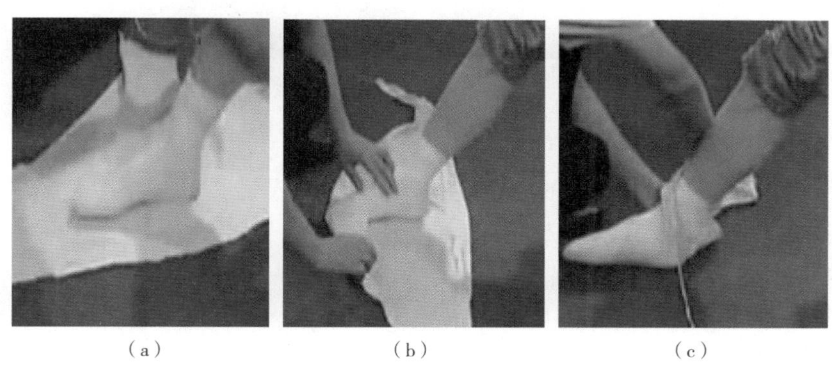

（a）　（b）　（c）

图 7–20　手（足）包扎法

膝（肘）部包扎法：根据伤情，将三角巾折成适当宽度的条带状，将带的中段斜放于膝（肘）部，取带两端分别压住上下两边，包绕肢体一周打结。此法也适用于四肢各部位的包扎，如图 7–21 所示。

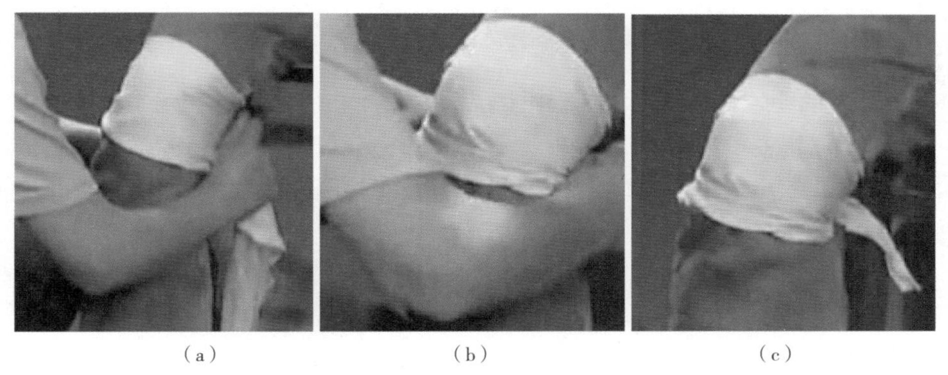

（a）　（b）　（c）

图 7–21　膝（肘）部包扎法

（7）上肢悬吊法。

大悬臂带：用于前臂伤和骨折（肱骨骨折时不能用），将肘关节屈曲吊于胸前，以防骨折端错位、疼痛和出血，如图 7–22 所示。

小悬臂带：用于锁骨和肱骨骨折、肩关节和上臂伤，将三角巾折成带状，吊起前臂而不要托肘，如图 7–23 所示。

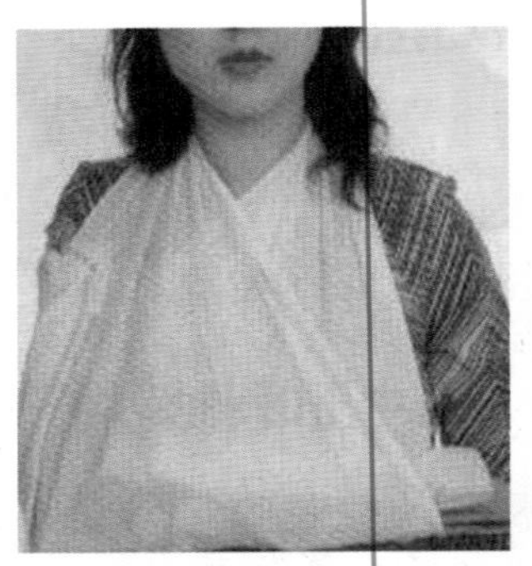

图 7–22　大悬臂带

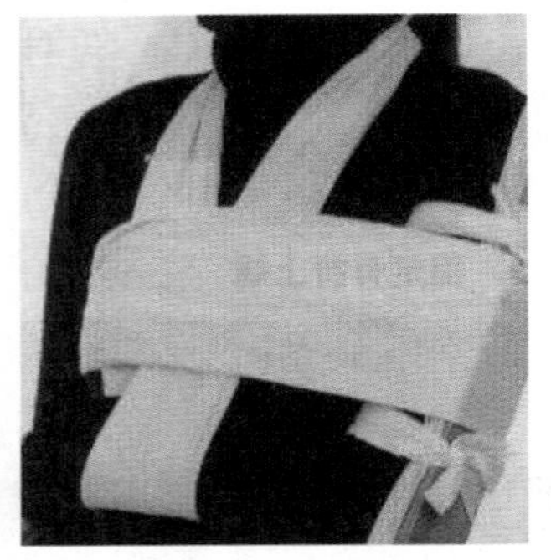
图 7–23　小悬臂带

3. 绷带包扎法

绷带包扎法的目的是固定敷料或夹板，以防止移位或脱落；临时或急救时，固定骨折或受伤的关节；支持或悬吊肢体；对创伤出血，予以加压包扎止血。

1）绷带包扎的注意事项

（1）包扎时，每圈的压力须均匀，不能包得太紧，亦不能有皱褶；但也不要太松，以免脱落。

（2）包扎应从远端缠向近端，开端和终端必须环形固定两圈，绷带圈与圈重叠的宽度以 ½ 或者 ⅓ 为宜。

（3）四肢小伤口出血，须用绷带加压包扎时，必须将远端肢体都用绷带缠起，以免血液回流不畅发生肿胀。但必须露出指（趾）端，以便于观察肢体血液循环情况。

（4）固定绷带的方法，可用缚结、安全别针或胶布，但不可将缚结或安全别针固定在伤口处、发炎部位、骨隆凸上、四肢的内侧面或伤员坐卧时容易受压及摩擦的部位。

2）绷带的基本包扎法

身体各部位的绷带包扎法，大部分由以下六种基本包扎法结合变化而成。

（1）环形包扎法：卷轴带在身体的某一部分环形缠绕数圈。每圈均应盖住前一圈，如图 7–24 所示。此法多用于额部、颈部及腕部。或在其他各种包扎法时，用此法缠两圈，以固定绷带的始端与末端。

（2）蛇形包扎法：用卷轴带斜行缠绕，每圈之间保持一定距离而不相重叠，如图 7–25 所示。此法用于固定敷料、扶托夹板。

图 7–24　环形包扎法

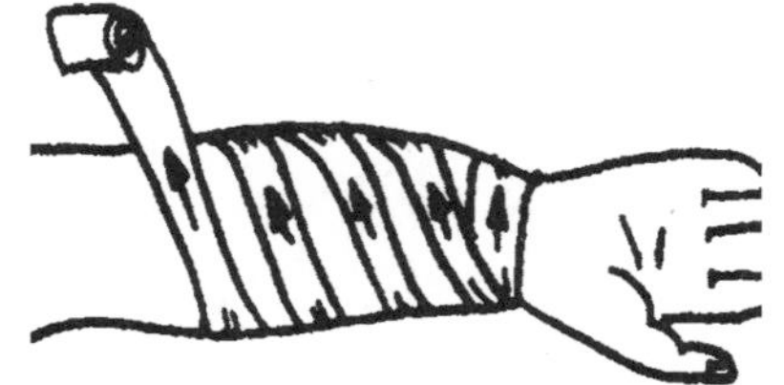
图 7–25　蛇形包扎法

（3）螺旋形包扎法：呈螺旋状缠绕，每圈遮盖前圈的 ⅓ 或 ½。此法用于上、下周径近似一致的部位，如上臂、大腿、手指或躯干等，如图 7–26 所示。

图 7–26　螺旋形包扎法

（4）螺旋折转包扎法：此法与螺旋包扎法相同，但每圈必须反折。反折时，以左手拇指压住绷带上的折转处，右手将卷带反折向下；然后围绕肢体拉紧，每圈盖过前圈的 ½ 或 ⅓，每一圈的反折必须整齐地排列成一直线，但折转处不可在伤口或骨突起处，如图 7–27 所示。此法多用于肢体周径悬殊不均的部位，如前臂、小腿等。

（5）“8”字形包扎法：用绷带斜形缠绕，向上、向下相互交叉作“8”字形包扎，依次缠绕。每圈在正面与前圈交叉，并叠盖前圈 ⅓ 或 ½，如图 7–28 所示。此法多用于固定关节，如肘、腕、膝、踝等关节。

（6）回返包扎法：在包扎部先做环形固定，然后从中线开始，作一系列的前后、左右来回返折包扎，每次回到出发点，直至全部被包完为止，如图 7–29 所示。此法多用于指端、头部或截肢部。

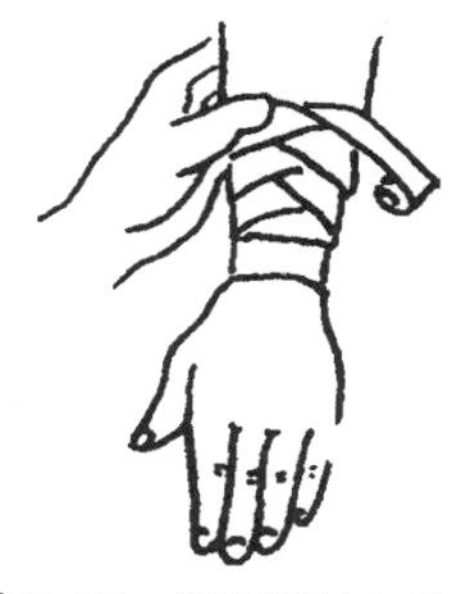

图 7–27　螺旋折转包扎法

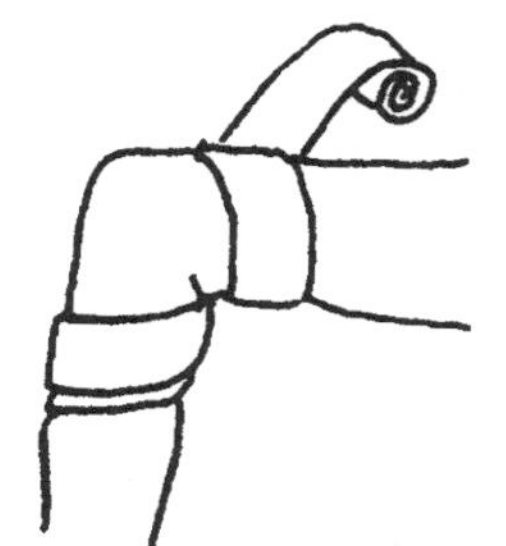

图 7–28　“8”字形包扎法

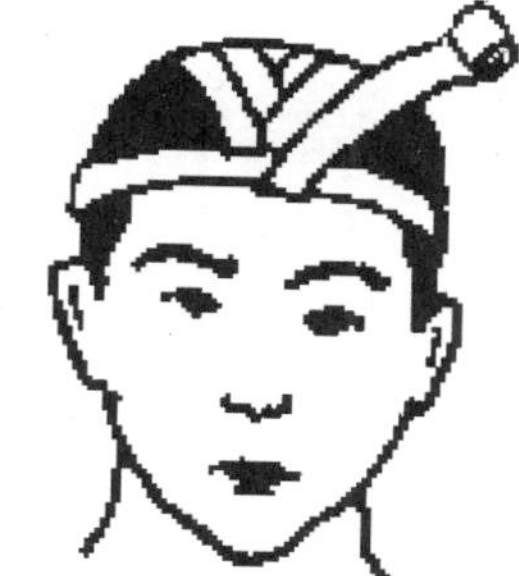

图 7–29　回返包扎法

4. 特别伤口的包扎方法

（1）腹部内脏溢出包扎法：包扎时伤员应取仰卧位，屈曲下肢，使腹部放松，以降低腹腔内的压力。先盖上干净的敷料保护好脱出的内脏，再用厚敷料或宽腰带围在脱出的内脏周围（也可用干净的碗罩住），然后进行包扎，如图 7–30 所示。

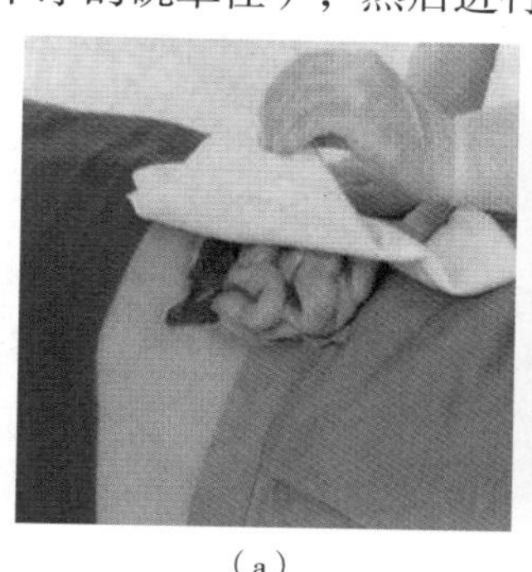

（a）

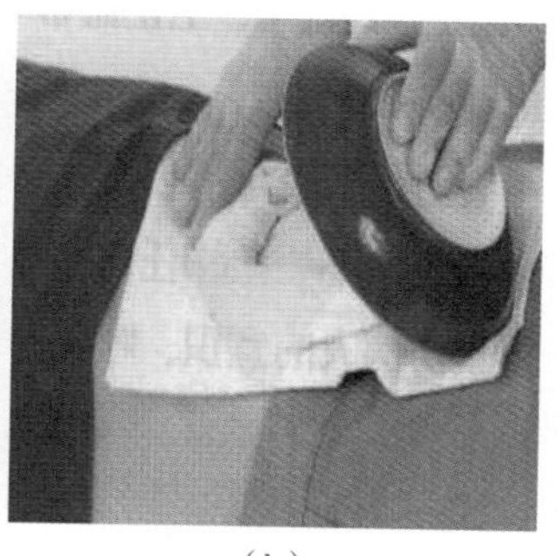

（b）

图 7–30　腹部内脏溢出包扎法

（2）开放性气胸包扎法：尽快封闭胸壁创口，使开放性气胸变为闭合性气胸。用急救包外皮内面（无菌面）迅速紧贴于伤口，然后用多层纱布或棉花做垫，用三角巾加压包扎。

（3）脑组织膨出时的包扎法：用无菌纱布覆盖膨出的脑组织，然后用纱布折成圆圈放在脑组织周围（也可用干净的瓷碗扣住），以三角巾或绷带轻轻包扎固定。

（4）异物插入体内时的包扎法：不能立即拔除异物，以免引起大出血。应将大块敷料支撑异物，然后用绷带固定敷料以控制出血，并避免移动，如图 7–31 所示。

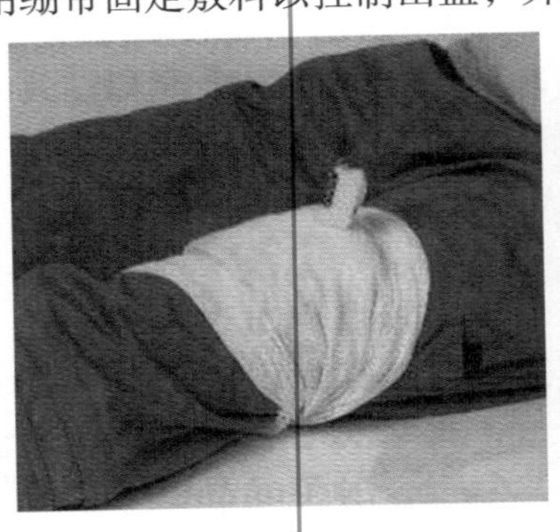

（a）

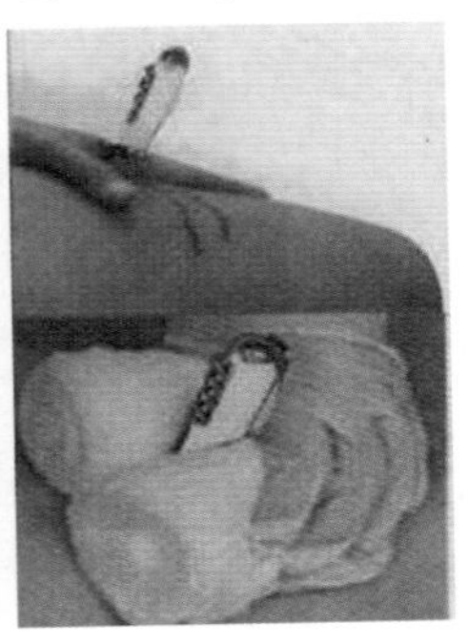

（b）

图 7–31　异物插入体内时的包扎

三、固定

1. 目的

避免加重损伤：骨折固定后，骨折端不会移动，可避免锐利的骨折端刺破皮肤和损伤周围软组织、神经及大血管。

减轻疼痛：骨折固定后，肢体得以休息，不至于因疼痛而加重休克。

便于后送：只有将骨折端固定起来，才能在搬运和后送过程中，减少伤员的痛苦和避免加重伤情。

2. 材料

常用的固定肢体的夹板有木制夹板和铁丝夹板两种，并有各种宽度和长度，可根据不同部位骨折固定需要选用。铁丝夹板还可随意弯曲成各种需要的角度使用。

3. 原则

凡骨与关节损伤，以及广泛的软组织、大血管、神经和脊髓损伤，均需在处理休克、防治感染的同时，进行早期固定。如疑有骨折，应按骨折处理。

如有伤口和出血，应先止血，再包扎伤口，然后再固定骨折。

对开放性骨折，不要把外露的骨折断端送回伤口内，以免造成感染。

一般应就地固定（主要指大腿、小腿及脊柱等骨折而言）。固定前，不要无故移动伤员和伤肢。为了暴露伤口可以剪开衣服，以免增加伤员的痛苦和加重伤情。

夹板的长度和宽度要与骨折的肢体相称。其长度必须包括骨折部的上、下两个关节。固定时，先固定上端，后固定下端，同时要固定上、下两个关节。

骨的突出部位应加垫，以防止由于压迫而引起的组织坏死。

固定应牢固可靠。不可过松，但也不能过紧，以免影响血液循环。四肢骨折固定时，要露出指（趾）端，以便观察血液循环情况。如发现指（趾）端苍白、发冷、麻木、疼痛、浮肿和青紫等表现时，应松开重新固定。

固定后，应给予标志，迅速后送。

4. 人体各部位骨折的固定方法

（1）颈椎骨折固定法。

颈椎的骨折与脱位是最严重的损伤之一，常压迫脊髓，造成高位截瘫。处理时要上颈托。如无颈托，可用纸板、书本托起颈椎，固定颈部，如图 7–32 所示。

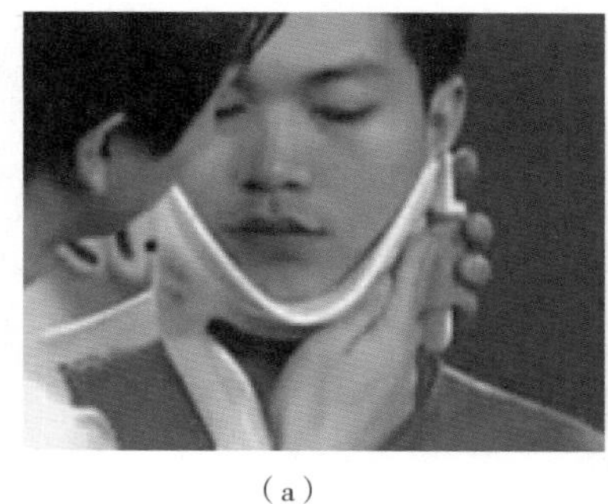

（a）

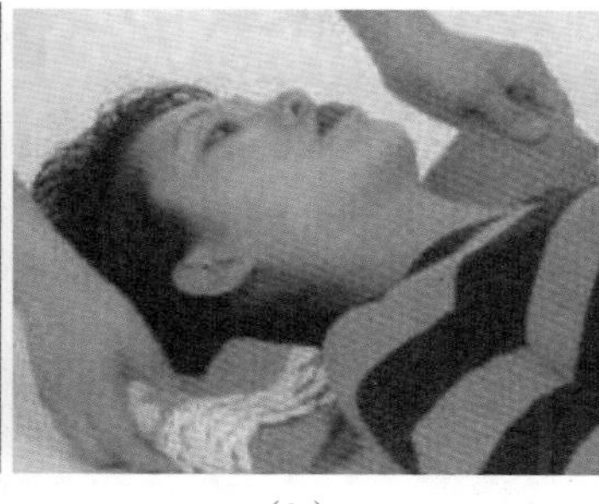

（b）

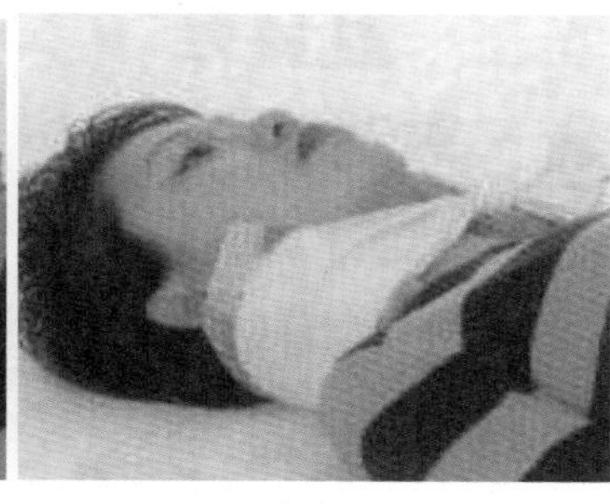

（c）

图 7–32 颈椎骨折的固定法

（2）肱骨骨折固定法。

夹板固定法：可用 1~3 块夹板固定。如用 1 块夹板时，夹板放在上臂外侧；如用 2 块夹板时，则放在上臂的内、外两侧；用 3 块夹板时，则在上臂的前、后和外侧各放一块。然后，用两条折叠成带状的三角巾或绷带，在骨折的上、下端扎紧；肘关节屈曲 90°，前臂用腰带或三角巾悬吊于胸前。必要时，再以绷带将上臂固定于躯干上，以加强固定，如图 7–33 所示。

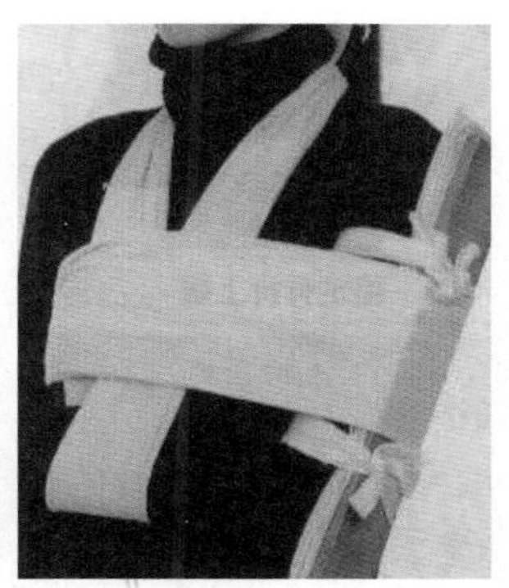

图 7–33 肱骨骨折夹板固定法

三角巾固定法：将三角巾折叠成约 10~15 厘米宽的条带，将肱骨固定在躯干上；屈肘 90°，再用三角巾将前臂悬吊于胸前，如图 7–34 所示。

图 7–34　肱骨骨折三角巾固定法

（3）前臂骨折夹板固定法。

在前臂掌、背侧各放夹板一块，用绷带或三角巾固定前臂于中间位；屈肘 90°，用三角巾悬吊于胸前，如图 7–35 所示。

（a）

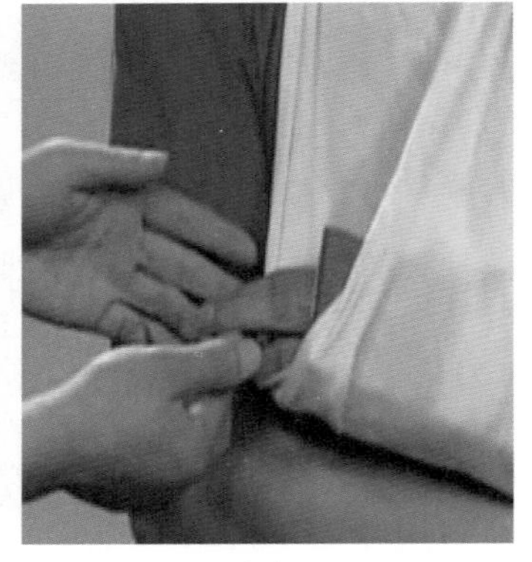
（b）

图 7–35　前臂骨折夹板固定法

（4）股骨骨折夹板固定法。

用一块长木板，放在伤肢的外侧，木板的长度必须上至腋下，下至足跟。在骨突出部、关节处和空隙部位须加衬垫，然后用三角巾或绷带、腰带等，分别在骨折上下端、腋下、腰部、髋部和踝关节等处打结固定，如图 7–36 所示。

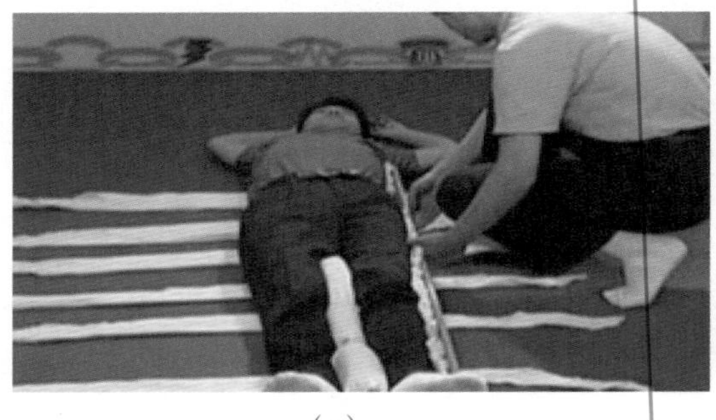
（a）

（b）

图 7–36　股骨骨折夹板固定法

（5）小腿骨折固定法。

夹板固定法：用两块相当于大腿中部到足跟长的木板，分别放在小腿的内、外侧（如只有一块木板，放在小腿外侧）。骨突出部加垫，用三角巾分别在骨折的上下端、大腿中部、膝下和踝关节部打结固定。足部最好用三角巾条带做“8”字形固定，使足尖与小腿成直角，如图 7–37 所示。

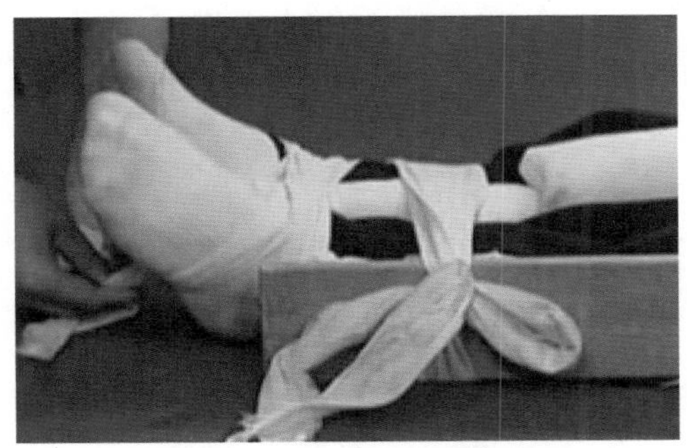

图 7–37　小腿骨折夹板固定法

三角巾固定法：用三角巾条带，在骨折上下端、膝关节、踝关节和足部，分别将伤肢与健肢固定在一起，如图 7–38 所示。

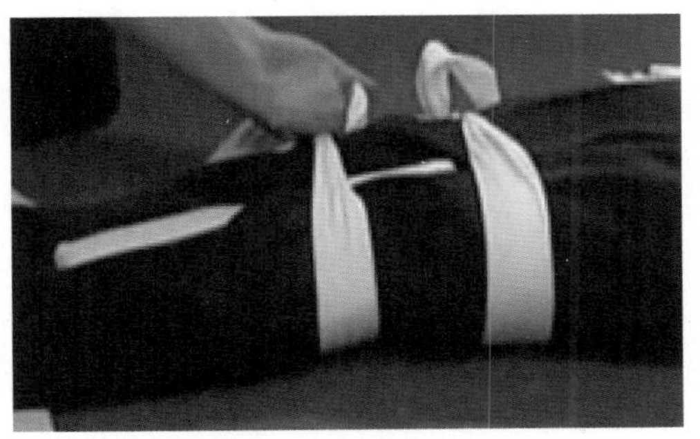

图 7–38　小腿骨折三角巾固定法

（6）骨盆伤固定法。

使伤员两膝半屈，先用三角巾将双膝绑在一起，膝下垫衣服或小褥子，再用三角巾或宽皮带环绕骨盆部包扎固定，如图 7–39 所示。

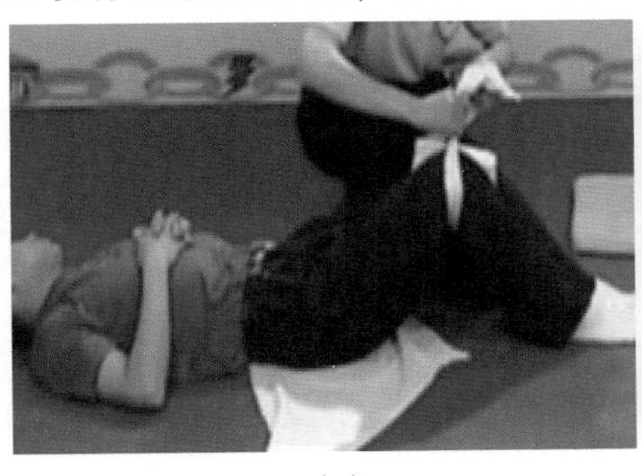

（a）

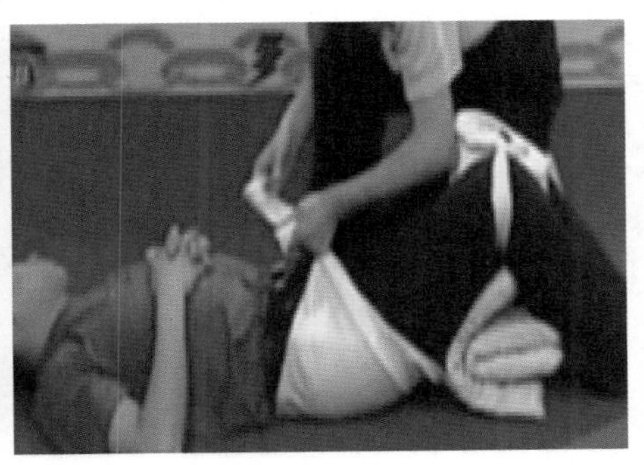

（b）

图 7–39　骨盆伤固定法

四、搬运

为了能迅速、安全地将伤员搬运到救护机构，使伤员得到及时的救治，志愿者在抢救中必须熟悉各类伤员的搬运方法，选用各种就便运送工具，做好伤员的搬运工作。

1. 搬运伤员的注意事项

搬运前，要尽可能做好初步急救处理。如情况允许，一般应先止血、包扎、固定后搬运。

应根据伤情、地形等情况，选用不同的搬运方法和运送工具，确保伤员安全。

动作要轻而迅速，避免和减少震动。

后送前要填写伤票，包括伤员的姓名、性别、年龄、住址、负伤地点和挖出时间、受伤部位，有无大出血和休克、骨折。

2. 常用的搬运法

1）单人搬运法

适用于轻伤员。常用的方法有：掮法、背法、抱法、腰带抱运法，如图 7–40 所示。

（a）掮法

（b）背法

（c）抱法

（d）腰带抱运法

图 7–40　单人搬运法

2）双人搬运法

适用于头、胸、腹部的重伤员。常用的方法有：椅托式搬运法、拉车式搬运法，如图 7–41 所示。

（a）椅托式搬运法

（b）拉车式搬运法

图 7–41　双人搬运法

3）担架搬运法

担架是最舒适的一种搬运工具，担架搬运法是搬运伤员最常用的方法，只要条件许可，应尽量采用制式担架搬运法。

（1）各部位损伤的担架搬运方法。

颈椎损伤：一般需 4 人搬运。先将担架放在伤员的伤侧，一人专管头部牵引固定，使头部与躯干保持直线位置，并维持颈部不动，其他三人蹲在伤员的一侧，一人抱住下肢，另外二人托住躯干。四人的动作要协调一致，防止颈椎弯曲。将伤员仰放在担架上，头部两侧放置沙袋固定，如图 7–42 所示。如已有脊髓损伤，则必须取除伤员衣服上和口袋里的一切硬物，并用软垫垫在骨隆起部下面，防止褥疮发生。

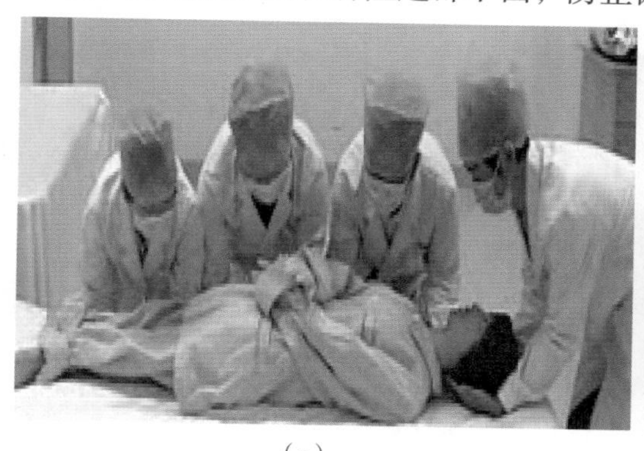

（a）

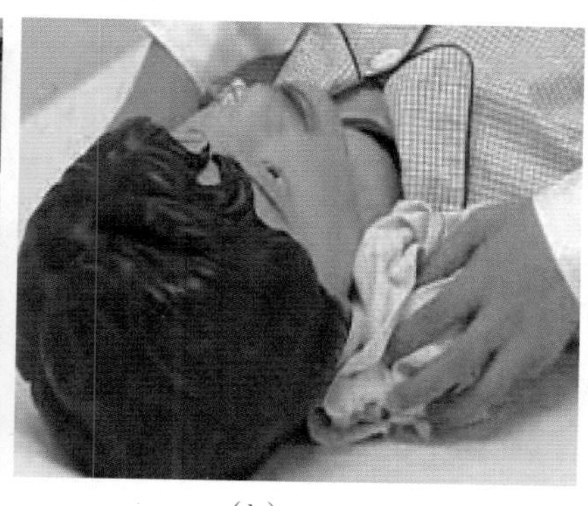

（b）

图 7–42 颈椎损伤担架搬运方法

胸、腰椎损伤：需 3~4 人搬运。一人托住肩胛部，一人托住腰臀部，另一人托住伸直而并拢的双下肢，协调一致地将伤员仰放到硬板担架上，如图 7–43 所示。腰下垫一个 10 厘米左右的小垫。如果担架是软的，则应置伤员于俯卧位。

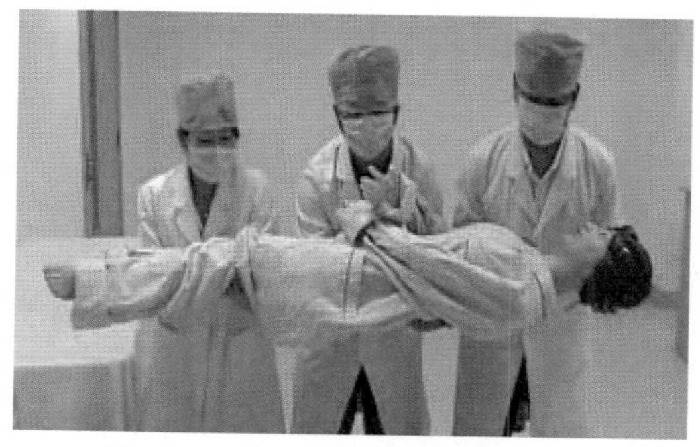

图 7–43 胸、腰椎损伤担架搬运法

（2）制作各种简易担架。

在现场如果无法获取正规担架，可以就地取材（如用门板、衣服、大衣等）制作担架，如图 7–44 所示，但不要用非刚性的担架运送疑似头部或脊椎受伤的伤员。

大衣担架

图 7-44 制作各种简易担架

（3）途中担架运送的技巧。

若在崎岖不平的地面或瓦砾堆中运送伤员，则必须用双套结将伤员固定在担架上。在担架把手上打一个双套结，由此开始，在胸中部、臀部、髋部和膝下位置用一系列半结固定伤员。

担架需由至少 4 个人抬运，一般搬运者面对前进方向，伤员足部在前。当上坡、上楼、搬进救护车或搬上床时，则应头部在前。记住，救援者中必须有人在搬运过程中一直观察伤者。

当通过不平整的地面时，尽量保持水平。救援者要实时调整担架高度，以补偿地形起伏的影响。

如果地面不稳固，担架应由一排 6~8 人进行传递，而不是搬运者抬着担架在碎石上行走，尤其是当担架被放下的时候，捆绑伤员的绳子可能会绷紧。

在通过门口时，最前面的搬运者应移动到担架中间，让担架前端伸出到门外。救援者一个一个地通过门口，然后重新抬好担架。

搬运中要避免越过墙或者高的障碍物，哪怕这样做意味着需要走更长的路。必须越过墙时，遵循下列步骤：①提高担架，将担架前把手支撑在墙头上。后面的人保持担架水平，前面的人此时再越过墙。②所有搬运者一同抬高担架，向前移动担架，直到后把手被搁在墙头上。随后，后面的人越过墙。

第五节 建筑物坍塌医疗常见伤的解决方法

1. 蚊虫叮咬

如果地震发生在我国南方的夏季，天气潮湿，污水较多，这正是蚊虫滋生的理想场所。蚊虫能传播许多严重的传染病，比如让人寒战、高热的疟疾，致人昏迷、痴呆的乙脑等，所以蚊虫叮咬不可小视。

现场救治的措施：志愿者发现伤员被毒蚊、毒虫叮咬后，可用随身携带的清凉油、风油精或红花油反复涂搽患处；如有三棱针，亦可先点刺放血，挤出黄水毒汁后再涂以上药品。如被蝎子、马蜂、蜜蜂等蜇伤，一定要先用锋利的针将伤处刺透，挤压肿块，将毒汁与毒水尽量挤干净，然后用碱水洗伤口，或涂上肥皂水、小苏打水、氨水；亦可将阿司匹林两片研成粉末，用凉水调成糊状涂于伤者患处。如伤员被蚂蟥咬住，志愿者不要使劲拉，可用手掌或鞋底拍击，经过拍打以后，蚂蟥的吸盘和颚片会自然放开；另外，蚂蟥很怕盐，在它身上撒一些食盐或者滴几滴盐水，它就会立刻全身收缩而跌下来。

2. 休克

休克是一种由于有效循环血量锐减、全身微循环障碍引起重要生命器官（脑、心、肺、肾、肝）严重缺血、缺氧的综合征。其典型表现为面色苍白、四肢湿冷、血压降低、脉搏微弱、神志模糊。绝大多数地震伤员由于严重的创伤或出血造成低容量性的休克，也有些伤员由于饥饿、脱水、疲劳而呈休克状态。现场要注意是否有肌肉丰富部位被重物长期挤压的情况。这些被压部位在解除挤压后，常有大量体液自血管内逸入组织间隙形成低容量状态。

现场防治休克的措施：

（1）注意保暖和防暑。

（2）伤员宜采取平卧位，而不宜头低脚高，以免横隔上升，压迫心、肺，影响血循环和呼吸。

（3）保持呼吸道通畅，尽可能防止缺氧。

（4）如有明显的出血，应立即止住。如胸、腹腔内有出血，应尽快运送至震区医疗站或震区医院，立即施行确定性治疗。

（5）如有抗休克裤，应尽早使用，提高有效循环血量，增加重要脏器的灌流量。

（6）做好伤肢的固定。

（7）止痛。如需注射哌替啶（杜冷丁）等止痛剂，尽可能采取静脉途径，以保证止痛效果。

（8）尽可能输注生理盐水或平衡盐溶液；如有右旋糖酐或其他扩溶剂，更有利于补充血容量。除脑外伤伤员外，输液速度宜快，切忌用小针头缓慢滴注。

3. 颌面伤

颌面部是感觉器官集中处，伤后多有咀嚼、吞咽、语言、呼吸、表情等功能障碍。此部位血管丰富，开放伤出血较多，常给人“血肉模糊”的印象，易造成对伤情的错误判断，甚至在现场抢救时会被认为无法修复而放弃抢救，现场救治的原则如下。

（1）防止窒息：异物的堵塞，舌后坠，呼吸道损伤或其周围组织肿胀压迫呼吸道，上颌骨骨折后下移位压迫呼吸道，均会引起窒息。对策是：①纠正体位，置神志不清的伤员于俯卧位，使咽部分泌物流出，后坠的舌向前移位，以解除呼吸道梗阻；②清除异物；③用口咽通气道或塑料管维持呼吸道通畅。

（2）止血：主要用压迫止血，但应注意勿压迫呼吸道。如压迫不能止血，可用止血钳夹住出血点，然后后送（将伤员从营救现场送往医疗机构）。

（3）包扎和固定：将移位的软组织复位。如有下颌骨骨折，将上下牙对合后予以包扎和固定。

（4）后送：后送时要特别注意伤员的体位。清醒又无休克症状的可取坐位，头低垂；有休克或有呼吸道堵塞危险的，应取俯卧或侧位，并在担架上标明“切勿仰卧”。

4. 脊柱、脊髓伤

脊柱、脊髓伤是严重的地震创伤，其特点是发生率高、伤势严重、截瘫的发生率高、并发症多，其现场的救治原则如下：

（1）在挖掘伤员时，要注意避免再次加重脊髓损伤。

（2）从废墟中救出伤员后，凡是有颈背或腰部疼痛的，不管是否有上、下肢麻木或运动障碍，都应视为脊柱损伤，搬运时必须注意，绝对禁止脊柱弯曲或扭转。

（3）转送时要用硬担架或门板。怀疑有颈椎伤时，要固定好颈部再搬运。在后送途中，要注意将伤员身上的硬物去掉，有条件时，用棉花或软垫衬垫好骨隆起部，以防止褥疮发生。

（4）有颈髓损伤而高位截瘫的，要注意保持呼吸通畅。

5. 挤压伤和挤压综合征

人体中肌肉丰富的肢体如被重物挤压 1~6 小时，则遭受挤压的肌肉会由于缺血而发生坏死，逐渐被瘢痕组织所代替，形成挛缩而丧失功能， 称为挤压伤。有一部分伤员，在解除重物的挤压后，除局部病变外，还可能并发休克和急性肾功能衰竭，使生命受到严重威胁， 称为挤压综合征。最初的症状是原来的受压部位突然发生显著的肿胀。由于血容量突然减少，可能出现休克症状，待休克由于自身代偿或由于治疗而获得纠正后，有些伤员的一般情况似尚稳定，甚至能自己行动，能吃能喝，也许只在伤后第一、二次的尿呈深红色，表示含有肌红蛋白。这类伤员最易被忽视，分类时可能被列为轻伤员。这是值得警惕的，因为这类伤员中的一部分，可能突然因血清钾急剧升高导致心搏停止而猝死。被挤压较重或受伤时间较长的伤员，可能出现中毒症状，如疲倦无力、烦躁不安、食欲不振、恶心呕吐、腹胀等，严重时可能发生谵语甚至昏迷。

挤压伤和挤压综合征的现场抢救：

（1）力争及早去除压在伤员身上或伤肢的重物，减少挤压综合征的发生机会。

（2）先立刻固定伤肢，然后再搬动伤员。严禁不必要的肢体活动，以免组织分解产物被大量吸收，尤其对尚能行动的伤员要说明活动的危险性。迅速用担架后送。

（3）不应抬高伤肢或加压包扎，也不要用止血带。

（4）伤肢宜降温，以降低组织代谢率。

（5）伤肢有开放伤口和活动出血者应止血，妥善包扎。但避免应用加压包扎和止血带。

（6）凡受压伤员一律饮用碱性饮料，既可利尿，又可碱化尿液，避免肌红蛋白在肾小管中沉积。如不能进食者，可用 5% 碳酸氢钠 150 毫升静脉点滴。

6. 完全性饥饿

剧烈地震时，房屋倒塌，居民被禁锢于断垣残壁中，饮食完全断绝，维持生命所需的能量只能依靠体内储蓄的营养物质。长期饥饿使体内营养物质消耗枯竭，伤员极度衰弱血压下降，造成完全性饥饿状态，若不能获救，会因虚脱而死亡。正常人如果不进食，但能获得饮水，生命仅能维持 14~18 天。唐山地震时，有一名妇女被扣在压塌的铁床下，不能动弹，完全不能获得食物，仅用衣服收集自己的尿解渴。在 15 天后才被挖救出，经积极救治后完全恢复。

长期饥饿的伤员，由于其血容量已明显减小，因此稍一骚动，或精神激动，均可引起有效循环量不足而突然呈现休克状态。在现场抢救时必须特别注意，应立即静脉输液，并给予热饮料，然后后送。

7. 烧伤

地震后发生火灾，多半由于炉子倾倒、煤气管道断裂或液化石油罐翻倒漏气遇到明火、电线短路等造成。由于许多居民已负伤，又缺乏消防设备和水源，防震棚多半用易燃材料建成，火灾常蔓延成片，甚至绵亘数天，造成大量烧伤伤员的情况。

烧伤的现场抢救方法：

（1）抢救困于室内的伤员时，志愿者应该用潮湿的被单敷盖自身。

（2）找到伤员时，立即用被单或衣服扑灭伤员身上的火焰，迅速背扶伤员脱离火场。

（3）如有条件，立即用冷水冲洗或浸泡伤员烧伤部位，可减轻疼痛，防止烧伤加深。

（4）创面上勿涂有色药物或油脂类药物，以免影响对创面的观察。用干净的布类覆盖创面即可。

（5）如无颅脑伤、腹部伤等禁忌症，可给予止痛剂，口服含盐饮料。严重烧伤者由于短时间内大量体液及血浆外漏，常常感到十分口渴。此时，切忌让伤员大量饮水，否则会引起急性胃扩张，不仅对伤员没有好处，反而影响烧伤的治疗。

（6）如有重度呼吸道烧伤，先行气管切开。途中不使用冬眠药物。伤员一时不能后送时，应就地进行抗休克治疗，待控制休克后再送。

（7）尽快后送至震区医疗站或震区医院。后送途中要注意：①应输盐水或平衡盐液；②尽量避免颠簸；③运送速度不可过快，力求平稳；④患者头部与运输工具前进方向相反，以保证脑部血液的正常供应；⑤随时注意观察伤员的呼吸、脉搏及尿量变化，记录并做好相应处理。

8. 冻伤

冻伤是人体遭受低温侵袭后发生的损伤。当震区气温降至零度以下，特别是有风时，若受灾人员衣着单薄，或手、脚、鼻等暴露过久，易发生冻伤。冻伤的发生除了与寒冷有关，还与潮湿、局部血液物质循环不良和抗寒能力下降有关。

冻伤的分类及各类冻伤的处理方法：

1）冻疮

冻疮在一般的低温（如 3~5℃）和潮湿的环境中即可发生。因此，不仅我国的北方地区，在华东、华中地区也较常见。冻疮常在不知不觉中发生，部位多在耳郭、手、足等处。表现为局部发红或发紫、肿胀、发痒或刺痛，有些会起水泡，尔后发生糜烂或结痂。

发生冻疮后，可在伤员局部涂抹冻疮膏；糜烂处可涂用抗菌类和可地松类软膏。

2）局部冻伤

局部冻伤多发生在0℃以下缺乏防寒措施的情况下，耳部、鼻部、面部或肢体受到冷冻作用发生的损伤。

（1）局部冻伤一般分为四度。

一度冻伤：表现为局部皮肤从苍白转为斑块状的蓝紫色，然后红肿、发痒、刺痛和感觉异常。

二度冻伤：表现为局部皮肤红肿、发痒、灼痛。早期有水泡出现。

三度冻伤：表现为皮肤由白色逐渐变为蓝色，再变为黑色，感觉消失。冻伤周围的组织可能会出现水肿和水泡，并有较剧烈的疼痛。

四度冻伤：伤部的感觉和运动功能完全消失，呈暗灰色。由于冻伤组织与健康组织交界处的冻伤程度相对较轻，交界处可能会出现水肿和水泡。

（2）局部冻伤的现场处理。

如有条件可让伤员进入温暖的房间，给予温暖的饮料，使伤员的体温尽快提高。同时将冻伤的部位浸泡在38 ~ 42℃的温水中，水温不宜超过45℃，浸泡时间不能超过20分钟。如无条件进行热水浸浴，可将伤员冻伤部位放在自己的怀中取暖，使受冻部位迅速恢复血液循环。在对冻伤进行紧急处理时，绝不可将冻伤部位用雪涂擦或用火烤，这样做只能加重损伤。

3）冻僵

冻僵是指人体遭受严寒侵袭，全身降温所造成的损伤。伤员表现为全身僵硬，感觉迟钝，四肢乏力，头晕，甚至神志不清，知觉丧失，最后因呼吸循环衰竭而死亡。

发生冻僵的伤员已无力自救，救援者应立即将其转运至温暖的房间内，搬运时动作要轻柔，避免对僵直身体的损伤。然后迅速脱去伤员潮湿的衣服和鞋袜，将伤员放在38 ~ 42℃的温水中浸浴。如果衣物已冻结在伤员的肢体上，不可强行脱下，以免损伤皮肤，可连同衣物一起浸入温水，待解冻后取下。

第八章

顶升救援技术与装备操作

简介和概述

本章重点讲述了顶升救援技术的定义和在建筑坍塌灾害事故现场的应用。

本章结束时，你能够利用顶升救援技术创建救援通道，包括：

◎ 研判选取顶升的位置、类型

◎ 顶升装备的优选及安全使用

本章讨论和实践的主题包括：

◎ 顶升救援技术概述

◎ 顶升环境介绍

◎ 顶升救援注意事项

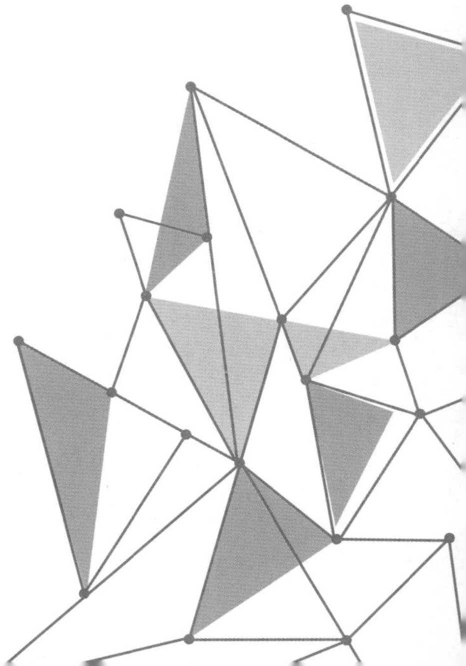

第一节　顶升救援技术概述

一、顶升技术

顶升技术是指对创建营救通道过程中遇到的可移动（或部分移动）的强度高且重量大（或上覆物较多）的废墟构件，需对其采取垂直、水平或其他方向的顶升与扩张方法。

同破拆技术一样，顶升操作也是以创建通道口、清除营救通道阻碍物救出幸存者为目的。

顶升的对象通常包括倒塌的混凝土墙体、柱、梁和层叠状的楼板等。

二、顶升设备

顶升设备可分为液压顶升设备和气动顶升设备两类。

1. 液压顶升设备

液压顶升设备一般由机动液压泵、液压管和液压顶升工具组成。常用的液压顶升工具有双向单级顶杆、单向双级顶杆和液压千斤顶等，如RA3322和RA3332即为双向单级顶杆，TR3340和TR3350为单向双级顶杆。另外，液压扩张器、足趾千斤顶、开缝器也是顶升操作中必要的辅助工具。

液压顶升设备的常用附件包括：顶升底座（HRS22）、牵拉链条、各种用途的顶升头、延长杆等。

液压顶升设备的主要特点是：顶升头小，顶升力与顶升距离较大，可以任意角度进行顶升操作，但需要足够的顶升附件放置空间。

2. 气动顶升设备

气动顶升设备一般由充气机、高压储气瓶、输气管、气动顶升工具和空气压力控制附件等组成。常用的气动顶升工具有高压气垫、气球和低压顶升气袋三种。

气动顶升设备依据的原理为：压强 × 接触面积＝作用力。

一般高压气动顶升工具的工作压力为 8 ~ 10 巴，低压气动顶升工具的工作压力为 0.5 ~ 1.5 巴。

气动顶升设备的主要特点是：易于携带、操作简便、拆解迅速、顶升面积大、顶升力大（与气压和接触面积成正比）、顶升距离范围广，可以任意角度进行顶升操作，所需的设备安置空间小。

三、顶升操作

地震废墟场地的顶升操作主要有两种：单支点顶升和多支点顶升。

1. 单支点顶升

单支点顶升是仅在一个位置（顶升支点）进行的顶升。

单支点顶升方法多用于水平移动废墟构件的一端，或扩张受压变形的构件。单支点顶升要求能够提供足够顶升反力的支点位置及良好的表面条件。

单支点顶升操作所用的设备通常为液压顶升设备，并辅以高强度垫块。

2. 多支点顶升

多支点顶升是在被顶升物的多个位置同时进行顶升的操作。

多数情况下应是两点或多点顶升，如两个千斤顶、两个气垫同时使用。多点顶升方法减小了单个顶升设备的反作用力，能够增强顶升作业中的安全性和废墟稳定性。

多支点顶升的关键在于对一个物体进行顶升时，多个支点上的顶升速度应基本一致，通常采用双输出机动液压泵及液压顶升工具进行，而且多个支点的反作用力不易使支持构件发生破坏。

第二节 顶升环境介绍

顶升操作之前应先了解废墟的结构组成，分析废墟构件静力学关系，然后再选择可靠的顶升支点和适当的顶升设备。

顶升计算是根据倒塌废墟的建筑结构类型、建筑材料与现存状况，估算被顶升体的重量及静力参数数据，预估其在顶升操作后形成的新的稳定状态；同时，分析可选的顶升位置、顶升支点数量及顶升距离，估算各点顶升力的大小，从而选用适当的顶升设备、方法和程序。

顶升支点的选择受被顶升物的形状、质心位置、支点表面强度及所需支持力大小等因素限制，多数情况下需采取其他准备措施，如垫块、钻凿方法等使顶升支点能满足顶升操作的需求。

第三节 顶升救援注意事项

液压撑杆的延长杆不能连接在柱塞延伸一侧的端部。

使用撑杆和千斤顶时，其底部和顶部一般应加防滑垫块，接触部位应足够坚硬。

只要有可能，就应使用两个千斤顶，并放置在两个不同的顶升点上。

高压顶升气垫的使用中应保证气垫整体都承受负荷，否则会减少顶升力并可能引起气垫侧翻或被挤出。

气垫与被顶升物和支撑物的距离要足够小。

气垫在使用后应检验有无损坏或化学腐蚀、轻度割伤。

为防止被顶升构件发生意外滑动，在顶升前应确定支点并采取必要的加固措施。

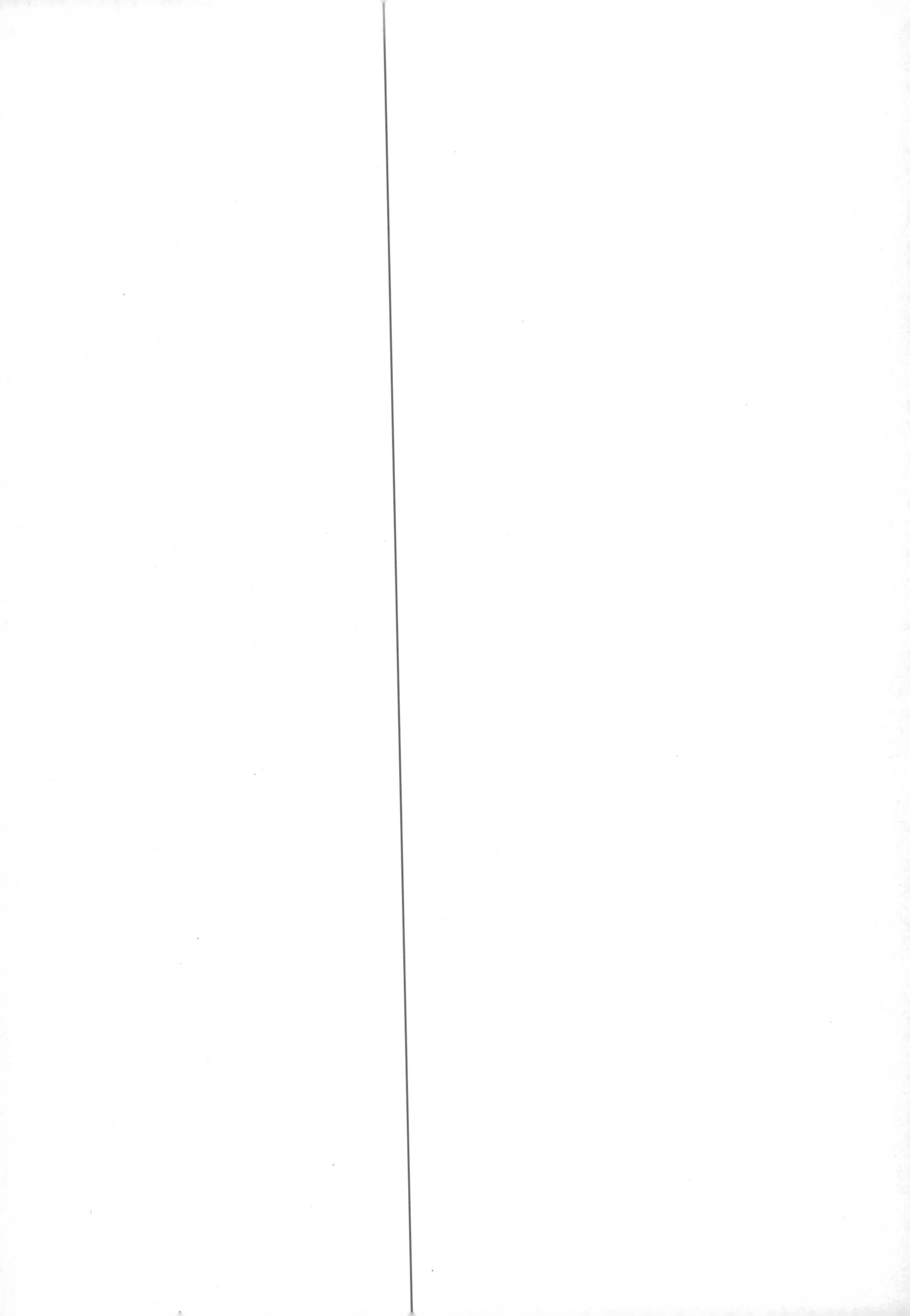

第九章

破拆救援技术与装备操作

简介和概述

本章重点讲述了什么是破拆救援技术以及如何在建筑坍塌环境下运用破拆救援技术创建救援通道。

本章结束时，你能够在营救建筑坍塌受困人员行动中具备利用破拆救援技术创建救援通道的能力，包括：

◎ 根据障碍物材质选取适用的破拆装备

◎ 掌握破拆装备的安全使用

本章讨论和实践的主题包括：

◎ 破拆救援技术概述

◎ 破拆救援装备介绍

◎ 破拆救援作业基本步骤

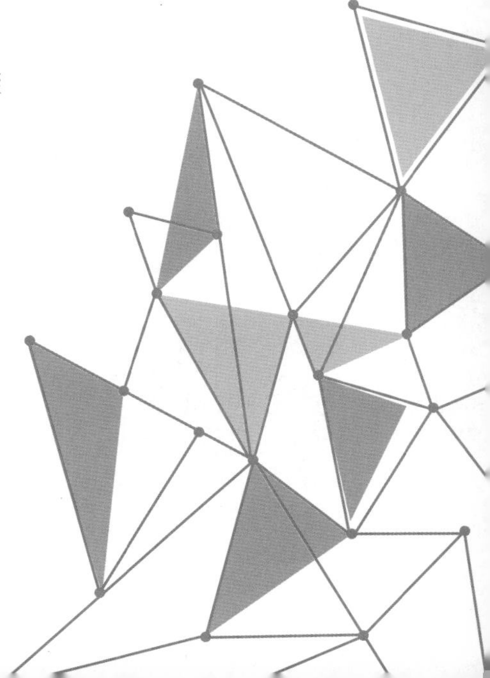

第一节 破拆救援技术概述

破拆救援技术是指根据救援现场实际情况，使用合理装备器材，综合运用钻凿、切割、剪扩等技术手段，在混凝土构件或其他障碍物构件上创建营救通道的综合技术。一般来说，在建筑物坍塌救援中，最常用的破拆方法分类为快速破拆和安全破拆。

破拆能力是一支搜救队伍在应对建筑坍塌搜救行动的核心能力之一。

要掌握破拆技术，首先要了解在建筑坍塌救援中破拆对象的材料分类，材料有：木材、砌体、钢筋混凝土、金属。

一、木材

建筑坍塌现场出现的木材，主要有两种来源：一种是建筑结构本身使用的木材，主要以梁、柱、楼板、墙板等形式存在；另一种是家具和装修使用的木材，比如门板、沙发、书柜、床、五斗橱等。

针对建筑坍塌废墟中的木质构件的破拆主要采用锯割和钻凿的方法。

二、砌体

砌体是指由块体和砂浆砌筑而成的整体结构。按照块体材料不同，砌体可分为砖砌体、砌块砌体和石砌体；按照砌体是否有钢筋加固，可以分为无筋砌体和有筋砌体。

1. *砖砌体（无筋）*

砖砌体是用砖与砂浆砌筑起来的整体结构。

（1）砖

我国建筑材料中常用的砖，包括烧结普通砖、烧结多孔砖、烧结空心砖、蒸压灰砂砖、粉煤灰砖、非烧结普通黏土砖等。表 9–1 总结了我国常见建筑用砖的情况。

表 9–1 我国常见建筑用砖情况表

照片	砌体砖	材料与制作方法	常见 强度规格	常见 尺寸规格 / 毫米
	烧结普通砖	以黏土、页岩、煤矸石等为主要原料，经胚料制备，入窑焙烧而成的实心砖	MU10 MU15 MU20 MU25 MU30	240 × 115 × 53
	烧结多孔砖	以黏土、页岩、煤矸石等为主要原料，经胚料制备，入窑焙烧而成，有许多小圆孔	MU7.5 MU10 MU15 MU20 MU25 MU30	190 × 190 × 90 240 × 115 × 90

续表

照片	砌体砖	材料与制作方法	常见 强度规格	常见 尺寸规格 / 毫米
	烧结空心砖	以黏土、页岩、煤矸石等为主要原料，经胚料制备，入窑焙烧而成，有少量大方孔	MU2 MU3 MU5	290 × 190 × 90 290 × 290 × 190
	蒸压灰砂砖	蒸压灰砂砖是以石灰和砂为主要原料，经胚料制备、压制成型，高压蒸汽养护而成的实心砖	MU10 MU15 MU20 MU25	240 × 115 × 53
	粉煤灰砖	粉煤灰砖是以粉煤灰、石灰为主要原料，经胚料制备、压制成型，高压或常压，蒸汽养护而成的实心砖	MU7.5 MU10 MU15 MU20	240 × 115 × 53
	非烧结普通黏土砖	简称免烧砖，是以黏土为主要原料，经粉碎、搅拌、压制成型，自然养护而成的实心砖	MU7.5 MU10 MU15	240 × 115 × 53

（2）砌筑方法

普通砖的标准尺寸是 240 毫米 ×115 毫米 ×53 毫米，可砌成厚度为 120 毫米（半砖）、240 毫米（一砖）、370 毫米（一砖半）、490 毫米（两砖）和 620 毫米（两砖半）的墙体或柱体。

多孔砖、空心砖的标准尺寸为 190 毫米 ×190 毫米 ×90 毫米或 240 毫米 ×115 毫米 ×90 毫米，可砌成 90、180、240、290 和 390 毫米的墙体或柱体。

图 9-1 展示了 120~490 毫米砖墙的典型排列模式。

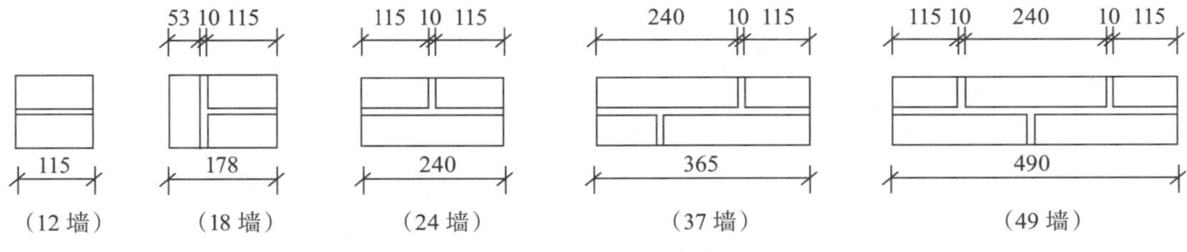

图 9-1 120~490 毫米砖墙的典型排列模式

在砖墙组砌中，把砖的长向沿墙面砌筑的称为顺砖，把砖的短向沿墙面砌筑的称为丁砖。每排列一层砖则称为一皮砖。上下皮砖之间的水平灰缝称为横缝，左右两块砖之间的垂直缝称为竖缝。在砌筑方法上，为了使砖墙保持更好的整体性，砌筑时要求合理排列，相互搭接，竖缝要错开，根据需要采用一顺一丁、三顺一丁、梅花丁（十字式）、全顺、全丁等方式进行砌筑，图 9–2 展示了砖墙的常见砌筑方法。

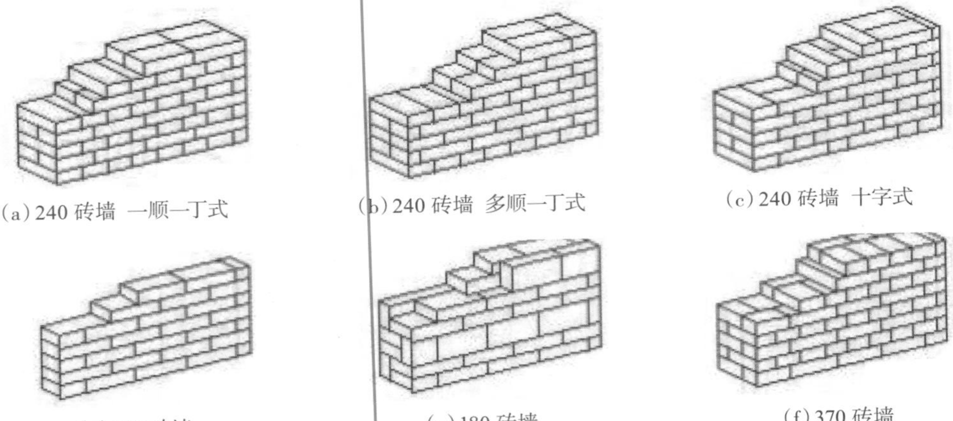

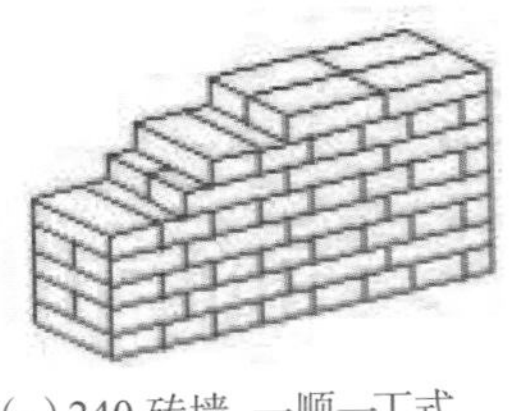

（a）240 砖墙　一顺一丁式

（b）240 砖墙　多顺一丁式

（c）240 砖墙　十字式

（d）120 砖墙

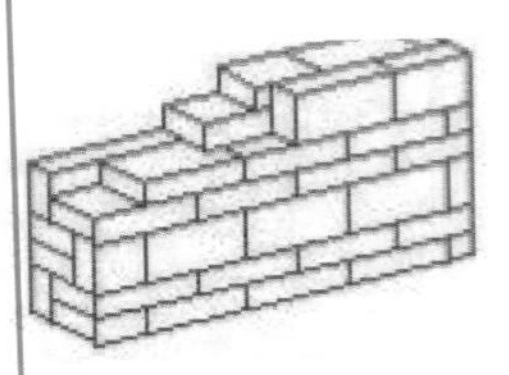

（e）180 砖墙

（f）370 砖墙

图 9–2　砖墙的常见砌筑方法

2. 砌块砌体（无筋）

砌块砌体是用砌块与砂浆砌筑起来的整体结构。

（1）砌块

砌块是一种比砖体型大的块状建筑制品。按照尺寸大小，砌块可分为大型、中型、小型三类，其中，高度大于 115 毫米而小于 380 毫米的称为小型砌块，高度大于 380 毫米而小于 980 毫米的称为中型砌块，高度大于 980 毫米的称为大型砌块；按材料，可分为混凝土砌块、加气混凝土砌块、水泥砂浆砌块、粉煤灰硅酸盐砌块、煤矸石砌块、人工陶粒砌块、矿渣废料砌块等；按结构构造，可分为实心砌块和空心砌块两种。

（2）砌筑方法

砌块砌体只有全顺一种组砌形式，在砌筑时，要求上下皮错缝搭接、避免通缝。图 9–3 展示了一个典型的砌块砌体墙。

图 9–3　典型的砌块砌体墙

砌块砌体承重墙与承重主体之间的空隙部分，经常采用砖斜砌挤紧的施工工艺，如图 9–4 所示。

图 9–4　砌块砌体墙顶部空隙的处理

砌块砌体可节约砂浆，但砂浆和块体的结合较弱，因而砌块砌体的整体性和抗剪性能不如砖砌体，通常会采用配筋加固等措施，但这样同时也将增加破拆难度。

3. *石砌体*

石砌体是用石材与砂浆或用石材与混凝土砌筑起来的整体结构。

（1）石材。

建筑石材包括天然石材和人造石材两大类。天然石材是地球表面大量存在的各种岩石，经过加工处理后制成建筑材料，具有强度高、耐磨、耐久等优势；人造石材是以不饱和聚酯树脂为黏结剂，配以天然大理石或方解石、白云石、硅砂、玻璃粉等无机物粉料，以及适量的阻燃剂、颜色等，经配料混合、瓷铸、振动压缩、挤压等方法成型固化制成的，具有良好的耐磨性、韧性、强度，同时比重更轻。

建筑石材按加工处理后的外形规则程度，分为毛石、料石和饰面石材等三类，表 9–2 总结了这三类石材的情况。

表 9–2　毛石、料石、饰面石材分类表

石材种类	细分类型	说明	用途
毛石	以开采所得、未经加工的形状不规则的石块，形状完全不规则的称为乱毛石，有两个大致平行面的称为平毛石	花岗石、玄武石、石灰石、白云石、砂石、大理石	主要用于砌筑基础、勒脚、墙身、堤坝、挡土墙等
料石	经人工凿琢或机械加工而成的大致规则的六面体块石，其宽度和厚度均≥ 200 毫米，长度≤厚度的4倍。按表面平整程度，料石进一步分为毛料石、粗料石、半细料石和细料石	花岗石、玄武石、石灰石、白云石、砂石、大理石	常用于砌筑基础、勒脚、墙身、地坪、踏步、柱和纪念碑等
饰面石材	通过对致密的岩石进行凿平或锯解而成的石材，厚度一般为 20 毫米，分为表面平整、粗糙的粗面板材；表面平整、光滑的细面板材；表面平整、具有镜面光泽的镜面板材	花岗石、大理石、砂石、板石、人造石材	主要用于建筑室内外墙面、柱面、地面等的装饰

从表 9–2 可以看出，在建筑基础、外墙、踏步、地坪、柱、纪念碑等地方，有更多机会碰到宽度和厚度均大于 200 毫米的毛石或料石；而在内外墙、地板等的装饰部分，有更

多机会碰到厚度为20毫米的饰面石板。

强度是建筑石材的一项重要性能指标。在我国，建筑石材的强度等级以边长70毫米的立方体为标准试块的抗压强度表示，抗压强度取三个试块破坏强度的平均值，分为MU20、MU30、MU40、MU50、MU60、MU80和MU100七个级别，建筑石材的强度整体上大于砖。需要指出的是，作为建筑材料，抗压强度、密度等指标得到了更多关注，不过抗压强度与后面所介绍的硬度存在很强的正相关性。

（2）砌筑方法。

按照石材平整程度及砌筑方法的不同，石砌体分为料石砌体、毛石砌体、毛石混凝土砌体等，如图9-5所示。

料石砌体是用水泥砂浆砌筑料石而成的砌体，分细料石砌体、粗料石砌体和毛料石（即块石）砌体三种。可以用作民用房屋的承重墙、柱和基础，还可以用于建造石拱桥、石坝和涵洞。毛石砌体是用水泥砂浆砌筑料石而成的砌体。毛石混凝土砌体是由混凝土和毛石交替铺砌而成的砌体。毛石砌体和毛石混凝土砌体在基础工程中应用较多，也常用于建造挡土墙、路堤和护坡等。

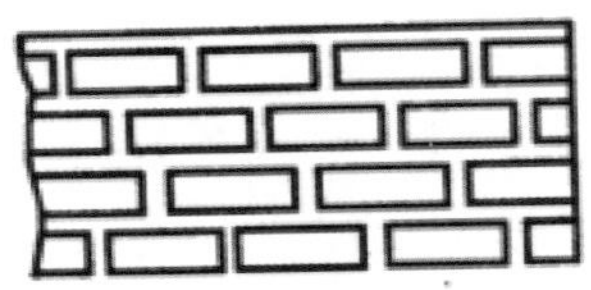

（a）料石砌体

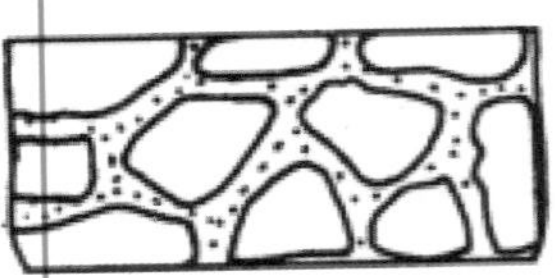

（b）毛石砌体

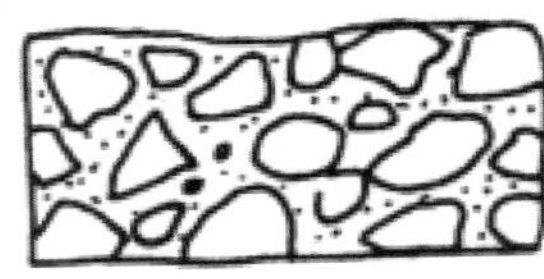

（c）毛石混凝土砌体

图9-5　石砌体的示意图

图9-6展示了实际的料石砌体、毛石砌体和毛石混凝土砌体。

（a）料石砌体

（b）毛石砌体

（c）毛石混凝土砌体

图9-6　实际的石砌体

4. 有筋砌体

砖砌体和砌块砌体都可以通过配置钢筋或钢筋混凝土，来提高砌体的抗压、抗弯和抗剪承载力，成为配筋砖砌体和配筋砌块砌体。

（1）配筋砖砌体。

在配筋砖砌体方面，我国目前常用的配筋砖砌体主要有横向配筋砖砌体和组合砖砌体两种类型。

横向配筋砖砌体是指在砖砌体水平灰缝内配置钢筋网片或水平通长筋形成的砖砌体，包括在砖柱中增加钢筋网片进行加固，以及在砖墙中使用通长筋进行加固，如图 9–7 所示。

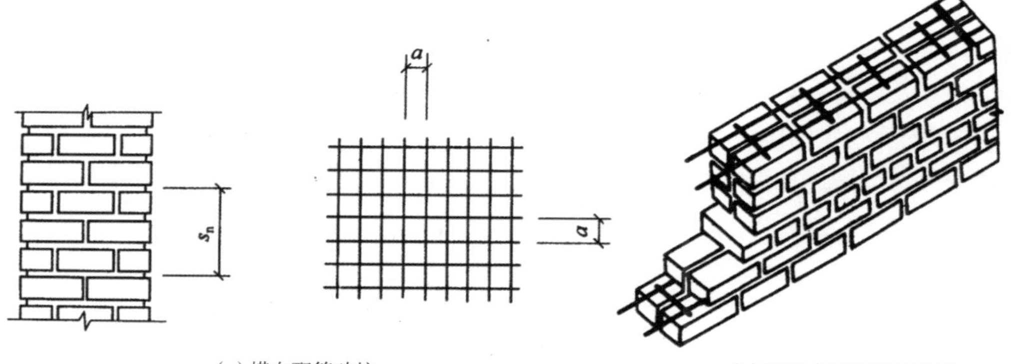

（a）横向配筋砖柱　　（b）配置水平钢筋的砖墙

图 9–7　横向配筋砖砌体示意图

组合砖砌体是指在砌体外侧预留的竖向凹槽内或外侧配置纵向钢筋，再灌注混凝土或砂浆形成的砌体，可以提高砌体的抗压、抗弯和抗剪能力，经常见于钢筋混凝土构造柱与砖砌体的连接处，分为外包式和内嵌式组合砖砌体，如图 9–8 所示。外包式组合砖砌体在砖砌体墙或柱外侧配有一定厚度的钢筋混凝土面层或钢筋砂浆面层。内嵌式组合砖砌体通过水平拉结钢筋将砖砌体与钢筋混凝土构造柱接合在一起。

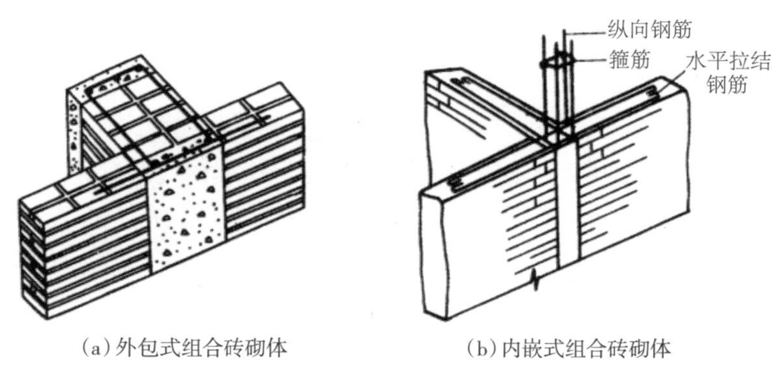

（a）外包式组合砖砌体　　（b）内嵌式组合砖砌体

图 9–8　组合砖砌体示意图

图 9–9 更直观地展示了内嵌式组合砖砌体的情况。

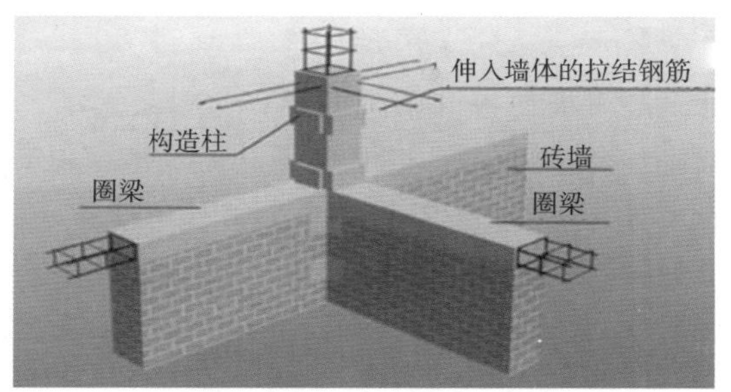

图 9–9　内嵌式组合砖砌体的直观示意图

有筋砌体中的钢筋，会给破拆作业造成困难与危险，因此有必要在这里再进行一下总结。砖砌体中的配筋，主要有通长筋、拉结筋、横向短筋等形态。砌体通长筋就是沿砌体通长（贯穿）布置砌体加筋；砌体拉结筋一般是指在砌体墙与柱或转角处布置的砌体内的加筋，长度一般是每侧入墙长度 1 米；横向短筋是指在砌体通长钢筋布置时，绑扎的网片钢筋，是通长筋的分布钢筋。

（2）配筋砌块砌体

砌块砌体的配筋加固方法，与配筋砖砌体相似，也有通长筋、拉结筋、横向短筋（网片钢筋）等方式。图 9–10 展示了一种用通长筋加固的砌块砌体及其前面的砖面层。

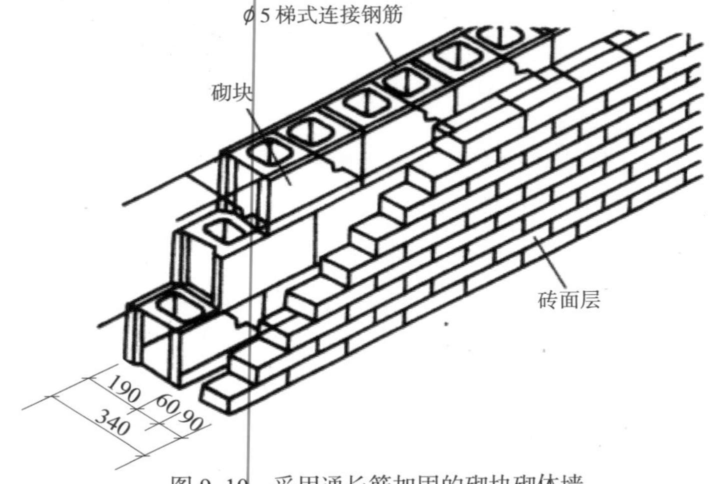

图 9–10　采用通长筋加固的砌块砌体墙

5. 砌体材料的硬度

对救援破拆来说，被破拆物的硬度是一个关键性考虑因素，它对破拆工具与破拆技术的选择具有指导意义。

从前面的介绍可以知道，砌块主要包括砖、砌块、石材等三大类。砖和砌块作为建筑材料，有明确的关于抗压强度的规格要求，却缺乏硬度指标。

石材的硬度，通常分为相对硬度和绝对硬度，对救援人员来说，更有用的是相对硬度。相对硬度由德国矿物学家腓特烈·摩斯于 1822 年最早提出，故被称为莫氏硬度或摩氏硬度。这种方法以十种常见的矿物为基准：滑石（1）、石膏（2）、方解石（3）、萤石（4）、磷灰石（5）、长石（6）、石英（7）、黄玉（8）、刚石（9）、金刚石（10），其他矿物或金属的硬度，通过与这些基准比较而确定。

莫氏硬度不具有严格的量化标准，但使用方便，不需要专用工具，虽然在分析石材性能中较少应用，但对救援人员来说，则为救援工具的选择提供了一个非常简便有效的依据。表 9–3 为常见建筑石材的莫氏硬度和适用破拆工具，表 9–4 为常见破拆材料与工具的莫氏硬度。

表 9-3 常见建筑材料的莫氏硬度与适用的破拆工具

材料	莫氏硬度	适用的破拆工具
花岗石	6~7	金刚石圆盘锯、链锯、绳锯等
玄武石	5~7	金刚石圆盘锯、链锯、绳锯等
大理石	3~5	钢制圆盘锯、链锯等
板石	2~3	钢制圆盘锯、链锯等
砂石	1.2~3	钢制圆盘锯、链锯等
人造大理石	5~6	金刚石圆盘锯、链锯、绳锯等
混凝土	一般混凝土：4~5 密封固化处理：7~8	金刚石圆盘锯、链锯、绳锯等

表 9-4 常见破拆材料与工具的莫氏硬度

材料	莫氏硬度
金刚石	10
钢锉	6.5
钢锯条	6
小刀	5~5.5

三、钢筋混凝土

在建筑物坍塌救援中，钢筋混凝土是最常见的破拆对象之一。

混凝土是由胶凝材料水泥、砂子、石子和水，及掺和材料、外加剂等按一定的比例拌和而成。凝固后坚硬如石，受压能力好，但受拉能力差，容易因受拉而断裂。为了解决这个矛盾，充分发挥混凝土的受压能力，常在混凝土受拉区域内或相应部位加入一定数量的钢筋，使两种材料粘结成一个整体，共同承受外力。这种配有钢筋的混凝土，称为钢筋混凝土。钢筋混凝土在工程上常被简称为钢筋砼（tong），是指通过在混凝土中加入钢筋网、钢板或纤维而构成的一种组合材料与之共同工作来改善混凝土力学性质的一种组合材料。

按施工方法分为：现浇式、预制装配式或装配整体式钢筋砼楼板。

（1）现浇钢筋砼楼板。

在施工现场通过支模，绑扎钢筋，浇筑砼，养护等工序而成型的楼板。

优点：整体性好，抗震能力强，形状可不规则，可预留孔洞，布置管线方便。

缺点：模板用量大，施工速度慢。

（2）预制装配式钢筋砼楼板。

在预制厂或施工现场预制。

缺点：楼板的整体性差，板缝嵌固不好时易出现通长裂缝。

（3）装配整体式钢筋砼楼板。

部分构件预制→现场安装→整体现浇。

1. 混凝土强度等级的划分

混凝土的抗压强度是通过试验得出的，我国最新标准以 C60 强度以下的采用边长为

150毫米的立方体试件作为混凝土抗压强度的标准尺寸试件。按照《普通混凝土力学性能试验方法标准》（GB/T 50081—2002），制作边长为150毫米的立方体在标准养护（温度20±2℃、相对湿度在95%以上）条件下，养护至28d龄期，用标准试验方法测得的极限抗压强度，称为混凝土标准立方体抗压强度，以fcu，k表示。按照《混凝土结构设计规范》（GB 50010—2010）规定，在立方体极限抗压强度总体分布中，具有95%强度保证率的立方体试件抗压强度，称为混凝土立方体抗压强度标准值（以MPa计），用fcu，k表示。

依照标准实验方法测得的具有95%强度保证率的抗压强度作为混凝土强度等级。

按照《混凝土结构设计规范》(GB 50010—2010)规定，普通混凝土划分为十四个等级，即：C15、C20、C25、C30、C35、C40、C45、C50、C55、C60、C65、C70、C75、C80。例如，强度等级为C30的混凝土是指30MPa ≤ fcu，k<35MPa。

影响混凝土强度等级的因素主要有水泥等级和水灰比、骨料、龄期、养护温度和湿度等。

当然，不同的工程或用于不同的部位混凝土，其对混凝土的强度等级要求也是不同的。一般来说，C15~C25用于梁、板、柱、楼梯、屋架等普通钢筋混凝土结构；C25~C30用于大跨度结构，耐久性要求较高的结构及构件等；C30以上用于预应力钢筋混凝土构件，承受动荷结构及特种结构等。

2. 钢筋的直径

《钢筋混凝土用钢 第1部分：热轧光圆钢筋》（GB 1499.1—2008）中规定的Ⅰ级钢筋公称直径范围为6~22毫米，推荐的钢筋公称直径为6、8、10、12、16、20毫米。

《钢筋混凝土用钢 第2部分：热轧带肋钢筋》（GB 1499.2—2007）中规定的Ⅱ级及以上钢筋公称直径范围为6~50毫米，推荐的钢筋公称直径为6、8、10、12、16、20、25、32、40、50毫米。

3. 钢筋混凝土的密度

钢筋混凝土密度主要指的是混凝土的密度。混凝土的密度需按照一定比例配置，而配置对混凝土所用的水泥也有一定要求。

混凝土按照表观密度的大小可分为：重混凝土、普通混凝土、轻质混凝土，这三种混凝土不同之处就是骨料的不同。

（1）重混凝土的表观密度大于2500千克/立方米，用特别密实和特别重的集料制成。

（2）普通混凝土是我们在建筑中常用的混凝土，表观密度为1950~2500千克/立方米，集料为砂、石。

（3）轻质混凝土是表观密度小于1950千克/立方米的混凝土，它可以分为三类：①轻集料混凝土，其表观密度在800~1950千克/立方米，轻集料包括浮石、火山渣、陶粒、膨胀珍珠岩、膨胀矿渣、矿渣等。②多空混凝土（泡沫混凝土、加气混凝土），其表观密度是300~1000千克/立方米。泡沫混凝土是由水泥浆或水泥砂浆与稳定的泡沫制成的，加气混凝土是由水泥、水与发气剂制成的。③大孔混凝土（普通大孔混凝土、轻骨料大孔混凝土），其组成中无细集料。普通大孔混凝土的表观密度范围为1500~1900千克/立方米，是用碎石、软石、重矿渣作集料配制的。轻骨料大孔混凝土的表观密度为 500~1500 千克/立方米，是用陶粒、浮石、碎砖、矿渣等作为集料配制的。

四、金属

金属在自然界中广泛存在，在生活中应用也极为普遍，是在现代工业中非常重要和应用最多的一类物质。在自然界中，绝大多数金属以化合态存在，少数金属例如金、银、铂、铋以游离态存在。金属矿物多数是氧化物及硫化物，其他存在形式有氯化物、硫酸盐、碳酸盐及硅酸盐。

属于金属的物质有金、银、铜、铁、锰、锌等。在一个大气压及 25℃的常温下，除汞（液态）外，其他金属都是固体。大部分的纯金属是银白（灰）色，只有少数不是，如金为黄赤色，铜为紫红色。金属大多带“钅”旁。

为更合理使用金属材料，充分发挥其作用，必须掌握各种金属材料制成的零构件在正常工作情况下应具备的性能（使用性能）及其在冷热加工过程中材料应具备的性能（工艺性能）。材料的使用性能包括物理性能（如比重、熔点、导电性、导热性、热膨胀性、磁性等），化学性能（耐用腐蚀性、抗氧化性），力学性能（也叫机械性能）。材料的工艺性能指材料适应冷、热加工方法的能力。

在日常生活中，常见的金属构件大多都是以合金形式存在，在坍塌建筑物救援中，常见的金属材质的破拆对象主要有金属门窗、金属家具、建筑物构件中的金属材料等。

1. 常用金属材料密度表

常用金属材料密度表，包括黑色、有色金属材料及其合金材料的密度（表 9–5）。

表 9–5 常用金属材料密度

材料名称	密度（克/立方厘米）	材料名称		密度（克/立方厘米）
灰口铸铁	6.6~7.4	不锈钢	1Crl8NillNb、Cr23Ni18	7.90
白口铸铁	7.4~7.7		2Cr13Ni4Mn9	8.50
可锻铸铁	7.2~7.4		3Cr13Ni7Si2	8.00
铸钢	7.80	纯铜材		8.90
工业纯铁	7.87	59、62、65、68 黄铜		8.50
普通碳素钢	7.85	80、85、90 黄铜		8.70
优质碳素钢	7.85	96 黄铜		8.80
碳素工具钢	7.85	59–1、63–3 铅黄铜		8.50
易切钢	7.85	74–3 铅黄铜		8.70
锰钢	7.81	90–1 锡黄铜		8.80
15CrA 铬钢	7.74	70–1 锡黄铜		8.54
20Cr、30Cr、40Cr 铬钢	7.82	60–1 和 62–1 锡黄铜		8.50
38CrA 铬钢	7.80	77–2 铝黄铜		8.60
铬钒、铬镍、铬镍钼、铬锰、硅、铬锰硅镍、硅锰、硅铬钢	7.85	67–2.5、66–6–3–2、60–1–1 铝黄铜		8.50
		镍黄铜		8.50

续表

材料名称		密度（克/立方厘米）	材料名称		密度（克/立方厘米）
铬镍钨钢		7.80	锰黄铜		8.50
铬钼铝钢		7.65	硅黄铜、镍黄铜、铁黄铜		8.50
含钨 9 高速工具钢		8.30	5–5–5 铸锡青铜		8.80
含钨 18 高速工具钢		8.70	3–12–5 铸锡青铜		8.69
高强度合金钢		7.82	6–6–3 铸锡青铜		8.82
轴承钢		7.81	7–0.2、6.5–0.4、6.5–0.1、4–3 锡青铜		8.80
不锈钢	0Cr13、1Cr13、2Cr13、3Cr13、4Cr13、Cr17Ni2、Cr18、9Cr18、Cr25、Cr28	7.75	4–0.3、4–4–4 锡青铜		8.90
	Cr14、Cr17	7.70	4–4–2.5 锡青铜		8.75
	0Cr18Ni9、1Cr18Ni9、Cr18Ni9Ti、2Cr18Ni9	7.85	5 铝青铜		8.20
	1Cr18Ni11Si4A1Ti	7.52	锻铝	LD8	2.77
7 铝青铜		7.80		LD7、LD9、LD10	2.80
19–2 铝青铜		7.60	超硬铝		2.85
9–4、10–3–1.5 铝青铜		7.50	LT1 特殊铝		2.75
10–4–4 铝青铜		7.46	工业纯镁		1.74
铍青铜		8.30	变形镁	MB1	1.76
3–1 硅青铜		8.47		MB2、MB8	1.78
1–3 硅青铜		8.60		MB3	1.79
1 铍青铜		8.80		MB5、MB6、MB7、MB15	1.80
0.5 镉青铜		8.90	铸镁		1.80
0.5 铬青铜		8.90	工业纯钛（TA1、TA2、TA3）		4.50
1.5 锰青铜		8.80	钛合金	TA4、TA5、TC6	4.45
5 锰青铜		8.60		TA6	4.40
白铜	B5、B19、B30、BMn40~1.5	8.90		TA7、TC5	4.46
	BMn3~12	8.40		TA8	4.56
	BZN15~20	8.60		TB1、TB2	4.89
	BA16~1.5	8.70		TC1、TC2	4.55
	BA113~3	8.50		TC3、TC4	4.43
纯铝		2.70	钛合金	TC7	4.40
防锈铝	LF2、LF43	2.68		TC8	4.48
	LF3	2.67		TC9	4.52
	LF5、LF10、LF11	2.65		TC10	4.53
	LF6	2.64	纯镍、阳极镍、电真空镍		8.85
	LF21	2.73	镍铜、镍镁、镍硅合金		8.85

续表

材料名称		密度(克/立方厘米)	材料名称	密度(克/立方厘米)
硬铝	LY1、LY2、LY4、LY6	2.76	镍铬合金	8.72
	LY3	2.73	锌锭（Zn0.1、Zn1、Zn2、Zn3）	7.15
	LY7、LY8、LY10、LY11、LY14	2.80	铸锌	6.86
	LY9、LY12	2.78	4–1 铸造锌铝合金	6.90
	LY16、LY17	2.84	4–0.5 铸造锌铝合金	6.75
锻铝	LD2、LD30	2.70	铅和铅锑合金	11.37
	LD4	2.65	铅阳极板	11.33
	LD5	2.75		

2. 常用金属材料硬度范围表及硬度计选型（表 9–6）

表 9–6　常用金属材料硬度范围表及硬度计选型

金属种类		硬度范围	备注（硬度计选型）
灰口铸铁		150~280HBS	推荐 HBE–3000D 或 HBS–3000Z 布氏硬度计进行硬度测试，具备十级试验力 (62.5 千克、100 千克、125 千克、187.5 千克、250 千克、500 千克、750 千克、1000 千克、1500 千克、3000 千克)，力值稳定性可达 1/3000。全电子式加卸载 特点：试验力大、压痕大，能更大范围内反应材料各组成部分的整体硬度情况
球墨铸铁		130~320HBS	
耐热铸铁		160~364HBS	
可锻铸铁	黑心	120~290HBS	
	白心	≤ 230HBS	
优质碳素结构钢	热轧	131~302HBS	
	退火	187~255HBS	
合金结构钢		187~269HBS	
碳素工具钢	退火淬火后	187~217HBS ≥ 62HRC	洛氏硬度计 HRC/HRA 等 试用于淬火、表面淬火钢，调质、退火钢，冷硬铸件，可锻铸件，硬质合金钢，铝合金，轴承钢，硬化薄钢等多种工件的硬度测试 特点：试验简单方便，不需目镜观察，工作效率高
合金工具钢	交货状态淬火	179~268HBS ≥ 45~64HRC	
高速工具钢	交货状态淬火回火	≤ 285HBS ≥ 63~66HRC	
轴承钢制品	退火淬火回火	170~207HBS 58~66HRC	
弹簧钢	热轧状态热处理	≤ 285~321HBS ≤ 321HBS	
铸造铝合金		45~130HBS	维氏硬度试验方法是英国史密斯（R.L.Smith）和塞德兰德（C.E.Sandland）于 1925 年提出的。英国的维克斯—阿姆斯特朗（Vickers–Armstrong）公司试制了第一台以此方法进行试验的硬度计。和布氏、洛氏硬度试验相比，维氏硬度试验测量范围较宽，从较软材料到超硬材料，几乎涵盖各种材料
压铸铝合金		60~90HBS	
铸造铜合金		44~169HBS	
压铸铜合金		85~130HBS	
铸造锌合金		80~110HBS	
压铸锌合金		85~90HBS	
铸造轴承合金	铅基	18~32HBS	
	锡基	20~34HBS	
	铝基	35~40HBS	
	铜基	60~65HBS	

续表

金属种类		硬度范围	备注（硬度计选型）
镍合金	退火	90~200HBS	显微硬度计的最大特点是试验力小，能对其他硬度试验法不能测定的细小试样进行硬度测定；由于试验力小、压痕小，（对试样基本无损坏。）这一特点使其在产品质量检验、工艺研究、材料科学研究等方面得到了广泛的应用。随着新材料的发展，将逐步成为硬度检测的主流
	冷轧	140~300HBS	
铸造钛合金		≤ 210~365HBS	
镁合金		49~95HBS	
硬质合金		≥ 82~93.3HRA	
高比重（密度）合金		290~310HBS	
变形铝合金		≤ 190HB	
变形铜合金		≤ 370HV	

第二节　破拆救援装备介绍

一、常用破拆工具的分类

建筑坍塌救援人员常用的破拆工具有多种分类方法，可按以下分类方式划分。

按功能类别划分：切割工具、钻凿工具、剪扩工具；

按动力类别划分：手动破拆工具、电动破拆工具、液压破拆工具、气动破拆工具、内燃破拆工具；

按破拆机理划分：机械破拆工具、火焰切割破拆工具、水切割破拆工具。

二、不同动力类别破拆工具优缺点

1. 手动破拆工具

优点：①小巧轻便、易于携带；②对外部动力无依赖。

缺点：效率低。

2. 电动破拆工具

优点：①受温度影响小；②操控简单；
③便于维护；④机动灵活。

缺点：①受供电条件限制；②续航时间问题。

3. 液压破拆工具

优点：动力强。

缺点：①受环境温度影响大；②液压元件及导管易损坏；
③维修不方便。

4. 气动破拆工具

优点：①动力强；②价格相对较低。

缺点：①压缩机运送不方便；②噪音大；
③维护保养复杂。

5. 内燃破拆工具

优点：①动力强；　　　　　　　　②效率高；

　　　③适合大面积非安全破拆。

缺点：①成本高；　　　　　　　　②操作维护复杂；

　　　③可能对幸存者造成伤害。

三、常用破拆救援装备

1. 液压剪切钳 CU4035C（图 9–11）

液压剪切钳是用于抢险救援的最重要工具之一，主要用于剪切金属和非金属构件及板材的破拆工具。液压剪切钳结构紧凑、重量轻、性能强劲，能够提供更宽泛的操作空间从而实现安全救援。同时 360 度把手利于操作人员在不同角度进行操作，6 颗 LED 在光线条件不利的情况下能提供良好的照明。适用于各类公路、铁路等交通事故救援、城市搜救；特警、矿山、地震、塌方等救援活动。表 9–7 为荷马特 GP 系列剪切钳基本参数。

图 9–11　液压剪切钳 CU4035C

表 9–7　荷马特 GP 系列剪切钳基本参数

荷马特 GP 系列剪切钳							
规格	CU 4007 C	CU 4010 C GP	CU 4020 C GP	CU 4030 C GP	CU 4031 C GP	CU 4035 C GP	CU 4040 C GP
EN13204 等级	AC55B–3.8	AC116D–7.8	AC133E–10.7	BC160F–10.9	BC190H–13.8	CC205H–14.2	CC220H–17.6
刀片开口距离 /mm	55	142	152	181	300	237	282
剪切力（kn/t）	220 / 22.4	254 / 25.9	394 / 40.2	394 / 40.2	380 / 38.8	380 / 38.8	470 / 47.9
圆钢 1mm（按 EN13204 标准）/mm	20	24	26	26	32	32	35
重量 /kg	3.8	7.8	10.7	10.9	13.8	14.2	17.6
集成照明灯 /i–Bolt	—/—	—/—	—/√	—/√	√/√	√/√	√/—

2. 液压开缝器 PW4624C（图 9–12）

液压开缝器能够撑顶重物使窄小缝隙扩大，从而可以使用其他合适的救援工具继续操作，是救援现场常用救援装备之一，主要用于建筑物坍塌救援、车祸现场救援等。在救援坍塌建筑物中的人或者物时，可根据需要使用不同型号液压开缝器，对救援部位实施开缝作业，打开抢险救援通道，以方便救援人员使用其他救援工具。

液压开缝器	
规格	PW4624C
最小插入高度 /mm	6
最大顶升高度 /mm	51
扩张力 /（kN/t）	253/25.8
重量 /kg	9.5

图 9–12　液压开缝器 PW4624C 及其参数

3. 电动剪扩两用钳（图 9–13）

电动剪扩两用钳是用于抢险救援的最重要工具之一，用于剪切、扩张、挤压、牵引，从而实现分离金属和非金属结构及障碍物的破拆工具。电动剪扩两用钳无须液压泵和软管，电池可快速充电和更换，具有灵活机动、性能强劲的优点。同时位于手柄上的 6 颗 LED 灯在光线条件不利的情况下可以提供良好的照明。适用于各类公路、铁路等交通事故、矿山、地震、塌方等救援活动。

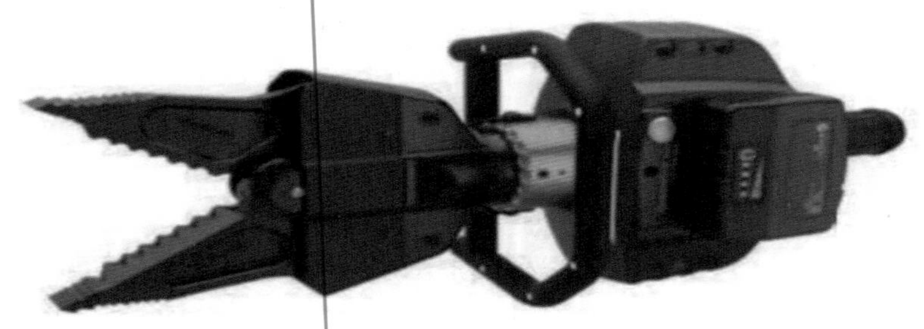

规格	GCT 4150	GCT 5111	GCT 5114	GCT 5160
扩张距离 /mm	360	281	362	468
最大扩张力 /（kN/t）	211 /21.5	457/46.6	131 /13.4	1367/139.4
最小扩张力 /（kN/t）（EN 13204）	35 / 3.6	48 / 4.9	33/3.4	44.5/4.5
最大剪切开口 /mm	229	196	277	394
理论切割力 /（kN/t）	380/38.7	268/27.3	268/27.3	929/94.7
最大挤压力 /（kN/t）	76 / 7.7	44 / 4.5	34/3.5	87.9/9
最大牵引力 /（kN/t）	51 / 5.2	—	—	105/10.7
待用重量 /kg（含电池）	19.6	13.7	14.1	23.3
圆钢 /mm	32	24	24	40

图 9–13　不同型号电动剪扩两用钳及其参数

4. 内燃无齿锯 K970RING（图 9–14）

内燃无齿锯 K970RING 功率大、油耗低、性能优异，特别适合深切割，切割深度为270毫米，是传统动力无齿锯的两倍。其切割能力强，可实现单面快速深切割，适合中小切口，省时省力，主要用于切割钢材等硬质材料和混凝土结构，适用于交通事故、建筑物坍塌事故等救援活动。

型号	内燃无齿锯 K970RING
输出功率 /kW	4.8
气缸排量 /cm³	93.6
切割最大深度 /mm	270
锯片最大直径 /mm	370
锯片厚度 /mm	5.6
圆周速度 /(m/s)	55
噪音等级 /dB	104
产品重量 /kg	13.8

图 9–14　内燃无齿锯 K970RING 基本参数

5. 内燃凿岩机 BH23（图 9–15）

内燃凿岩机 BH23 是一种以二冲程汽油机为动力的新型凿岩机械，适用于无电源和无空气压缩机的野外作业。按工作需要，内燃式凿岩机除能进行凿岩作业外，一般都配备多种工具（如镐、锹、铲等），可进行破碎、铲凿、挖掘、劈裂、捣实等作业。使用该机操作方便，具有省时省力、凿速快、效率高等特点，主要适用于市政工程、消防抢险、铁路养护等，尤其适合在没有电源的情况下进行破碎凿岩工作。

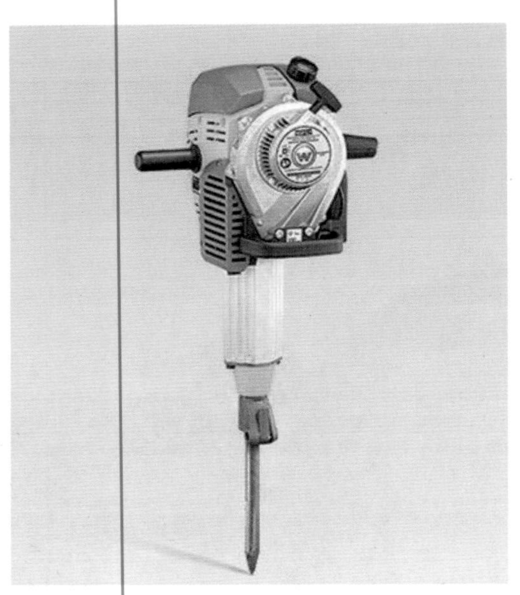

型号	内燃凿岩机 BH23
长 × 宽 × 高 / mm	790 × 450 × 333
重量 /kg（不包括工具）	23
冲击频率 次 /min	1300
单次冲击能量 / J	55
噪音等级 /dB	101
发动机类型	风冷、二冲程单缸汽油发动机
排量 / cm^3	80
额定输出功率 /kW	2.0
在转速上 /（ r/min ）	4250
燃油和机油混合比	50 ：1
燃油消耗量 /(L/h)	1.2
燃油箱容量 / L	1.8
动力传送	由发动机经离心式离合器、齿轮、曲轴和气锤冲击装置到达工具

图 9–15　内燃凿岩机 BH23 基本参数

6. 电动凿岩机 GSH 11VC（图 9–16）

电动凿岩机 GSH 11VC 是一种应用广泛的电动工具，具有锤钻双功能，可调节动力输出大小，利用转换开关，使钻头可以处于不同的工作状态，即只转动不冲击，只冲击不转动，既冲击又转动。可以更换不同凿头用来在混凝土、楼板、砖墙和石材上凿破和钻孔，具有操作方便、效率高等特点，适用于受限空间内破碎凿岩工作。

型号	电动凿岩机 GSH 11VC
长 × 宽 × 高 /mm	680 × 110 × 236
重量 / kg	11.4
冲击频率 次 /min	1300
单次冲击能量 / J	23
额定输入功率 /w	1700
额定转速时的冲击率 /bpm	900~1700

图 9–16　电动凿岩机 GSH 11VC 基本参数

第三节　破拆救援作业基本步骤

在美国紧急事务管理署（FEMA）的建筑坍塌救援技师手册中，在介绍混凝土破拆时，总结了垂直切割、倾斜切割、阶梯式切割、针眼凿、螺栓锚点、水冷润滑、热切割等方法。这些方法中的绝大部分也适用于各类破拆对象的破拆，故这里将它们作为通用的基本破拆方法首先进行介绍。

1. 垂直切割

FEMA 的术语称为 Relief Cuts，是一种垂直于破拆对象表面，用锯对破拆对象进行切割的方法，是最常用的切割方法。切口的深度，可以是通透的，也可以不是通透的；切口的形状，可以是三角形、正方形、“X”形等形状。垂直切割方法，利用了建筑材料抗剪能力普遍弱于抗压能力的特点，通过切出垂直切口，进一步削弱待破拆建筑构件的抗剪性能，通过在破拆体上施加侧向冲击力，达到从破拆对象中分离破拆体，打通救援通道的目的。在基本方法层面，要求救援人员能够针对不同的破拆对象，使用相应的救援工具，按照不同的深度与形状要求，顺利完成垂直切割。

2. 倾斜切割

FEMA 的术语称为 Bevel Cuts，是一种倾斜于破拆对象表面进行切割的方法，常用于需要剥离破拆体的安全破拆，特别在当受困人员位于破拆点的下方时，采用此方法，形成上大下小的切口，可以有效预防破拆体的意外跌落，这对保护受困人员安全非常重要。由于斜角切割增大了破拆面积，因此一般用于破拆对象厚度较小，仅需一次斜角切割就能切透的情况。在破拆对象厚度大于一次垂直切割最大深度的时候，宜先采用下面介绍的阶梯式切割方法，当破拆对象厚度足够小的时候，再改用斜角切割。

3. 阶梯式切割

FEMA 的术语称为 Step Cuts，与倾斜切割相似，也是一种适用于需要剥离破拆体的安全破拆方法，适用于破拆对象厚度超过垂直切割最大深度的情况。首先，用垂直切割法切出两条宽度为无齿锯或圆锯护板边缘到锯片距离的两条切缝，实际就是以锯片护板边缘齐着第一条切缝，再切出一条新的切缝；再使用凿破工具（如电镐等），将两条切缝间的破拆对象凿出并清理掉，形成沟槽。如此往复，直到破拆对象上需要破拆的整个范围与深度，都得到了凿出和清理。

4. 针眼凿

FEMA 的术语称为 Stitch Drills。在破拆时，除了可以用垂直切割法切出三角形、正方形、“X”形切缝以外，如果破拆对象附近没有受困人员，还可以使用凿破工具，沿上述破拆线，以小的间隔打出一系列凿眼，这些凿眼如同针眼一般，因此称为针眼凿。打完三角形或正方形的针眼凿以后，再用冲击方法，就可以实现快速破拆，此法比使用切割法进行破拆具有更高的速度效率。

5. 螺栓锚点

FEMA 的术语称为 Bolting。在破拆体上打螺栓锚点，再用三脚架上的钢丝绳进行牵拉，可以防止破拆体坠落，是一种有效的破拆防护技术，可在自上而下的安全破拆中使用。另外，在起吊破拆体、进行工具支持等情况时，也可能需要螺栓锚点。螺栓锚点的制作方法是先用电钻在锚点位置钻一个孔，再打入膨胀螺钉进行固定。在为破拆防护制作螺栓锚点的时候，要注意锚点位置应在破拆体的重心上方，这样才能保证破拆体发生下坠或进行起吊时，不会因为旋转形成更大的冲击，或者造成不稳定。同时，还需要确保锚点能够承受破拆体的重量。

6. 水冷润滑

FEMA 的术语称为 Wetting，是对破拆工具进行保护的一种方法。在使用金刚石锯等工具进行切割时，摩擦作用会使这些工具急剧升温，如果不能及时进行降温，会加速工具的破损失效，因此，利用破拆工具内置洒水装置或手动洒水设备进行洒水降温变得至关重要。同时，这一方法也可以减少现场灰尘。

7. 热切割

FEMA 的术语称为 Burning and Cutting，是指采用热能、电能或化学能将金属加热到其熔化温度以上，并使金属保持在熔化或半熔化状态，再利用流体动力将金属去除、吹开或燃烧，达到切割或去除金属的工艺方法。通常来说，用割炬进行切割对技术要求高，需要长时间的经验积累才能熟练掌握，特别是工业上常用的氧炔焰或液化气割炬。近年来，由于技术进步，已经有了救援破拆专用热切割产品，比如金属弧割炬系统和液体燃料割炬系统，只需几分钟时间阅读使用说明就可以使用，切记，必须戴上合适的燃烧器护目镜！因为一粒小小的火星就可以葬送一名救援人员的职业生涯。同时，在使用割炬系统时必须注意防范火灾危险和热辐射危险，在操作之前和整个操作期间，都需要做好环境监测。

一、破拆救援技术的分类

建筑救援破拆技术（以下简称“破拆技术”）是指在建筑坍塌救援环境下，为实现破拆作业目标而采用的技术，它有多种分类方法。

（1）按破拆方法可分为切割、钻凿、锚点防护、水冷润滑、热切割等。

（2）按破拆对象可分为木材破拆、砌体破拆、混凝土破拆、钢筋混凝土破拆、金属破拆等。

（3）按破拆位置附近是否有人可分为快速破拆与安全破拆。

（4）按破拆方向可分为垂直破拆和水平破拆。

二、破拆救援作业一般流程

不论针对哪种破拆对象，采取哪种破拆技术方法，在何种救援场景下进行破拆作业都应遵循大致相同的流程，如图 9–17 所示。

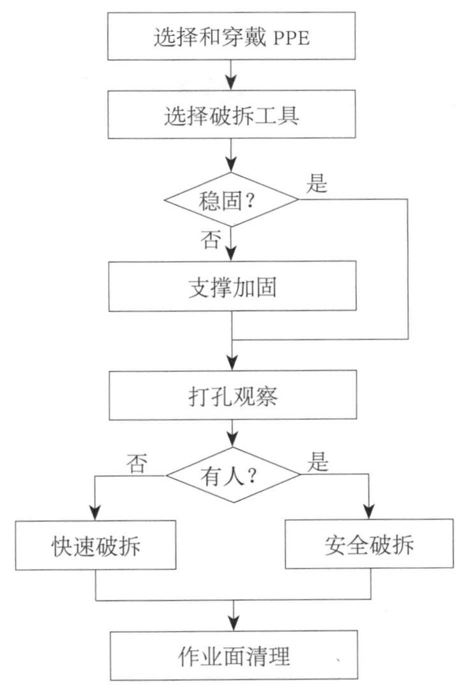

图 9–17　破拆救援作业一般流程图

从这个流程图中可以看出，破拆作业的通用步骤如下：

（1）选择并穿戴好合适的个人保护装备。

（2）选择合适的破拆工具。

（3）如果作业面不稳定，进行支撑加固，确保作业面安全。

（4）打一个观察孔，观察破拆体附近是否有人。

（5）如果破拆体附近无人，可以进行快速破拆；如果破拆体附近有人，需要进行安全破拆。

（6）对作业面的碎屑、锋利表面、尖锐物体等进行处理。

例如：切割和穿透混凝土墙与砖墙的程序。

（1）穿戴个人保护装备。

（2）选择合适的工具。

（3）确保工作区域无危险。

（4）首先打一个探测孔，快要打穿另一面的时候一定要小心。

（5）钻凿水泥墙或者砖墙以形成一个三角形的通道口，应从三角形的底部开始操作，另外避免切割太深。对空芯水泥板应首先找到空心部分，该处比较脆弱，而对砖墙我们应该从砖缝切入。

（6）移走切下的碎块，不要将碎块堆在营救场地。

（7）如果必要，可先建立支撑。

三、常用破拆工具

砖块和混凝土破拆工具：

（1）大锤或小锤。

（2）凿子。

（3）镐。

（4）撬杆或者撬棍。

（5）电动凿岩机。

（6）内燃凿岩机。

（7）无齿锯（配金刚石切割锯片）。

（8）液压水泥切割机、钻孔机。

（9）液压水泥切割链锯。

四、破拆注意事项

（1）为正确选择破拆工具，必须对该工具的性能和局限性有详细的了解。同时必须在这些工具实际性能的允许范围内使用。

（2）当切穿墙体或者地板时，要时刻小心以避免伤害营救对象，有时被困幸存者就在被切割材料的另一侧。

（3）破拆操作前，必须仔细观察破拆对象的状况，并预估可能产生的后果或其他意外情况。

（4）破拆操作过程中，操作人员和监控人员均应时刻注意可疑的声响和瓦砾掉落情况。

（5）要避免对废墟承重结构件的破拆，否则极易破坏残存结构的整体性和稳定性。

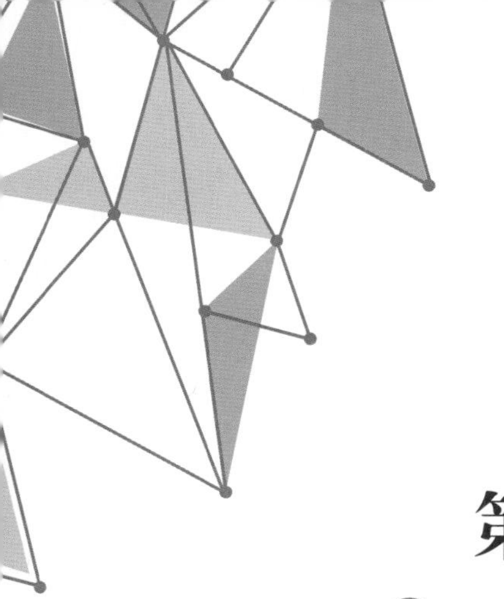

第十章

救援支撑技术与装备操作

简介和概述

本章重点讲述了什么是救援支撑技术以及如何在建筑坍塌环境中运用救援支撑技术。

本章结束时，你能够在建筑坍塌事故现场，对受损结构完成临时基础支撑和加固，包括：

◎　研判选取支撑的位置、类型

◎　掌握基础支撑类型制作

本单元讨论和实践的主题包括：

◎　支撑的基本定义及应用环境

◎　支撑类型

◎　支撑装备介绍

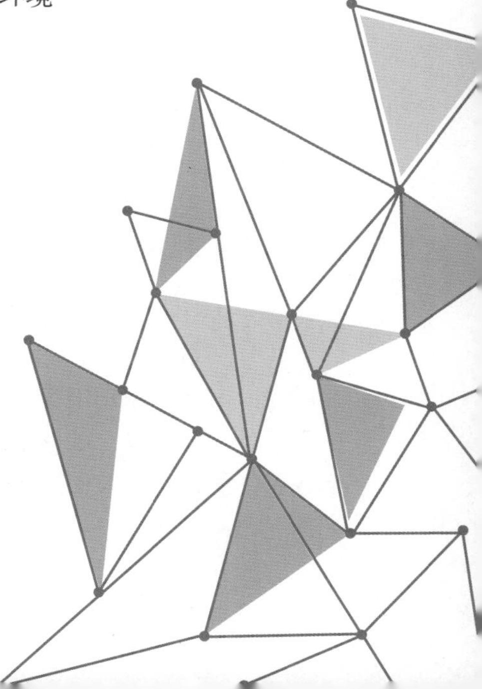

第一节　支撑的基本定义及应用环境

一、支撑的基本定义

支撑是利用原木或木珠组合起来加固门窗、墙或者楼板的一种加固手段，也是为了防止不稳定的建筑物进一步倒塌而做的安全措施。

二、支撑的应用环境

（1）楼板受到严重损坏的建筑物。

（2）具有松散混凝土碎块的建筑物。

（3）有裂缝或者破碎的预制板。

（4）有裂缝的砖石墙。

三、支撑技术方法与应用现状

支撑应该建立一个有以下特征的系统：

（1）顶板、墙板或其他元件收集集中载荷。

（2）具有自我调节能力和两端连接的支柱或其他承载元件作为支撑，将载荷安全传递。

（3）底板、承座板或其他元件将负载分散到地面或其他下部结构中。

（4）横向支撑防止系统发生横向变形（变成平行四边形），并防止系统屈曲（侧向移动）。

（5）支撑破坏的提前预警（在即将破坏前对救援人员发出的警告）：如果垂直支撑设置的比例正确，则可以在支柱开始断裂之前听到顶板或墙板挤压支柱使其破坏的声音。

第二节　支撑类型

一、垂直支撑

（1）用于稳定破坏的楼板、天花板和屋顶。

（2）垂直支撑主要用 10 厘米 ×10 厘米和 10 厘米 ×5 厘米的方木，混凝土结构的商业用房等，使用尺寸更大的方木。

任何垂直支撑系统中的最小横向支撑强度应为垂直负载的 2%，但在已经预计要发生余震的情况下，最好达到 10%。

二、门窗支撑

（1）救援人员可以采用门窗支撑系统来使脆弱墙体上被破坏的门窗边框保持稳定。当救援人员必须采用门窗开口作为入口和出口的时候，就必须对在坍塌中被破坏或变脆弱的开口处进行支撑。墙体上的强制入口，比如大厦墙体的缺口，也需要被支撑来保证已破坏的墙体的稳定，保护必须进入该区域的救援人员的安全。

（2）门窗支撑类型救援人员已经使用了很多年。常被用于城市搜救时建筑物内墙壁开口处的松散墙体的固定和支撑。如果所有的拐角都正确的进行连接并用楔子进行固定，是非常复杂的。这种支撑同样被应用于被损坏的木制或其他类型的建筑物门窗。木支柱的最大受压强度通常取决于横向纹理木材的最大受力强度（由于木材种类不同，一般在300~700psi）。木材规格尺寸的选择有一个经验法则，那就是与门窗开口的厚度相同。对于无筋砌体中的墙壁，木材规格尺寸一般为厚度6英寸（1英寸≈2.54厘米），但对于较薄的墙壁可能为4英寸，如木材和空心混凝土块（煤块）。

三、水平支撑（悬空撑）

将走廊、过道或者建筑物之间那些倾斜或局部倒塌破坏的墙体支撑在完好墙体上。当相邻的墙可以被用做支撑物时，可用水平支撑方法支撑被破坏的墙。主要构件有：水平桁条、墙板、支柱、夹板、应力调整块和楔子。

四、斜向支撑

一种三角形的支撑系统，用于支持倾斜或者不稳定的墙或柱，至少需要设立两个。

五、各类型支撑的制作方法

1. 垂直支撑（图10−1）

（1）决定垂直支撑的地点，检查地基稳定性。

（2）测量并切割顶、底板。

（3）测量高度，根据不同高度切割立柱。

（4）在底板上安装支柱和顶板，支撑受破坏的建筑物构件。

（5）在底板和支柱结合处钉上节点板。

（6）在垂直支撑的每个面上钉上对角柱，两个面上呈X形。

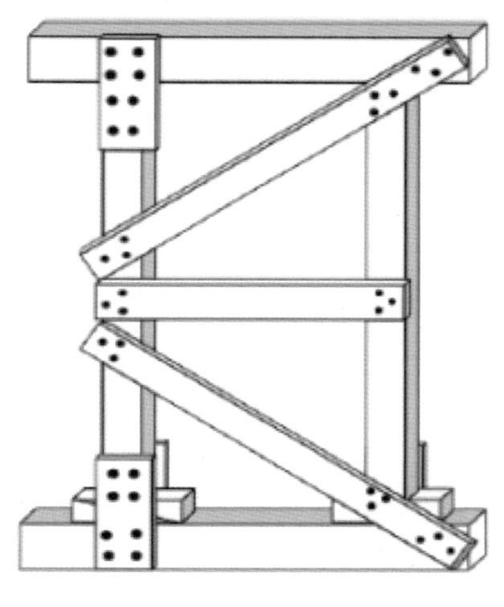

图10–1　垂直支撑

2. 门窗支撑（图 10–2）

（1）决定门窗支撑的位置。

（2）扣除楔子宽度后，测量底板长度并制备底板。

（3）扣除楔子宽度后，测量顶板长度并制备顶板。

（4）测量立柱尺寸，制备立柱。

（5）安装底板，在一头敲入楔子，紧死底板。

（6）安装顶板，在和底板相对的一头打入楔子，紧死顶板。

（7）在顶、底板之间安装支柱。在顶板楔子一头安装支柱，保持支柱垂直顶底板，在底板上每根支柱下方打上楔子。

（8）在顶板和支柱一边钉上节点板和角撑板。

（9）在支柱内侧钉上三合板防止楔子移动。

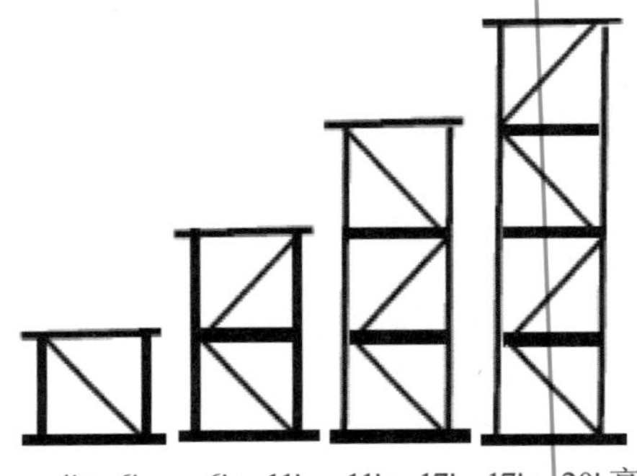

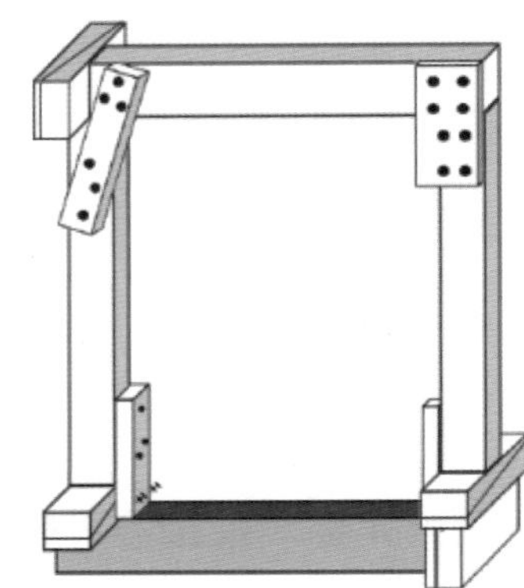

图 10–2　门窗支撑

3. 水平支撑（图 10–3）

（1）决定水平支撑的地点，检查地基稳定性。

（2）测量并切割侧板。

（3）测量宽度及高度，根据不同高度切割横柱及立柱。

（4）在横柱上安装立柱，并使支撑力量理想化。

（5）将护板安装在支撑上。

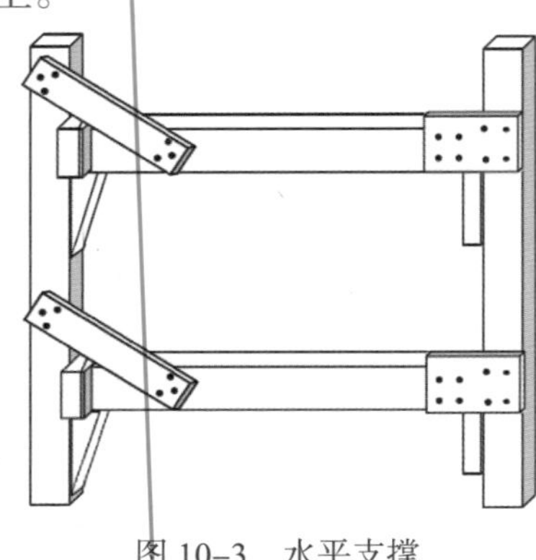

图 10–3　水平支撑

4. 斜向支撑(图 10–4、图 10–5)

(1)需要在系统中进行配置，以考虑对角线部件的垂直和水平分力，垂直分量可能被抵消。

(2)摩擦力可以通过在基座上施加更多的水平载荷来实现，在墙上形成一个完整稳定的三角结构。但是，摩擦力是不可靠的，特别是在余震中。

(3)将钻孔锚栓穿过墙板放入砌体。

(4)将墙板安装在墙面上的突起上，或将支撑杆放在开口处，并将防滑钉钉在板上，使其承受开口顶部。

(5)所需的水平力可能小于墙体重量的 2%，因为无钢筋砌体墙很少被放在离铅垂线很远的地方。但是，由于可能会发生余震，斜支撑系统应设计为其支持的附属区域内墙壁和屋顶重量的 10%左右。

(6)斜支撑应在中间 8 英尺处，视墙壁的类型和情况而定。它们应该由具有经验的工程师进行设计。

(7)支撑杆应该从墙旁边的危险区域建造，然后运载。

(8)斜支撑的能力通常受限于钉子连接处或与地面的连接。

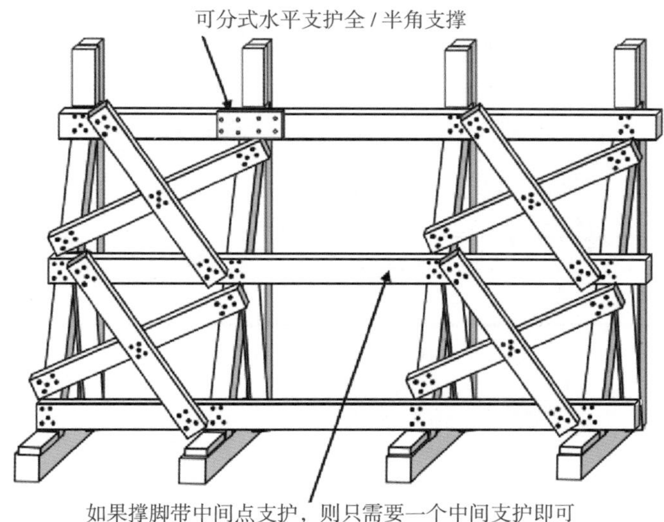

图 10–4 斜向支撑

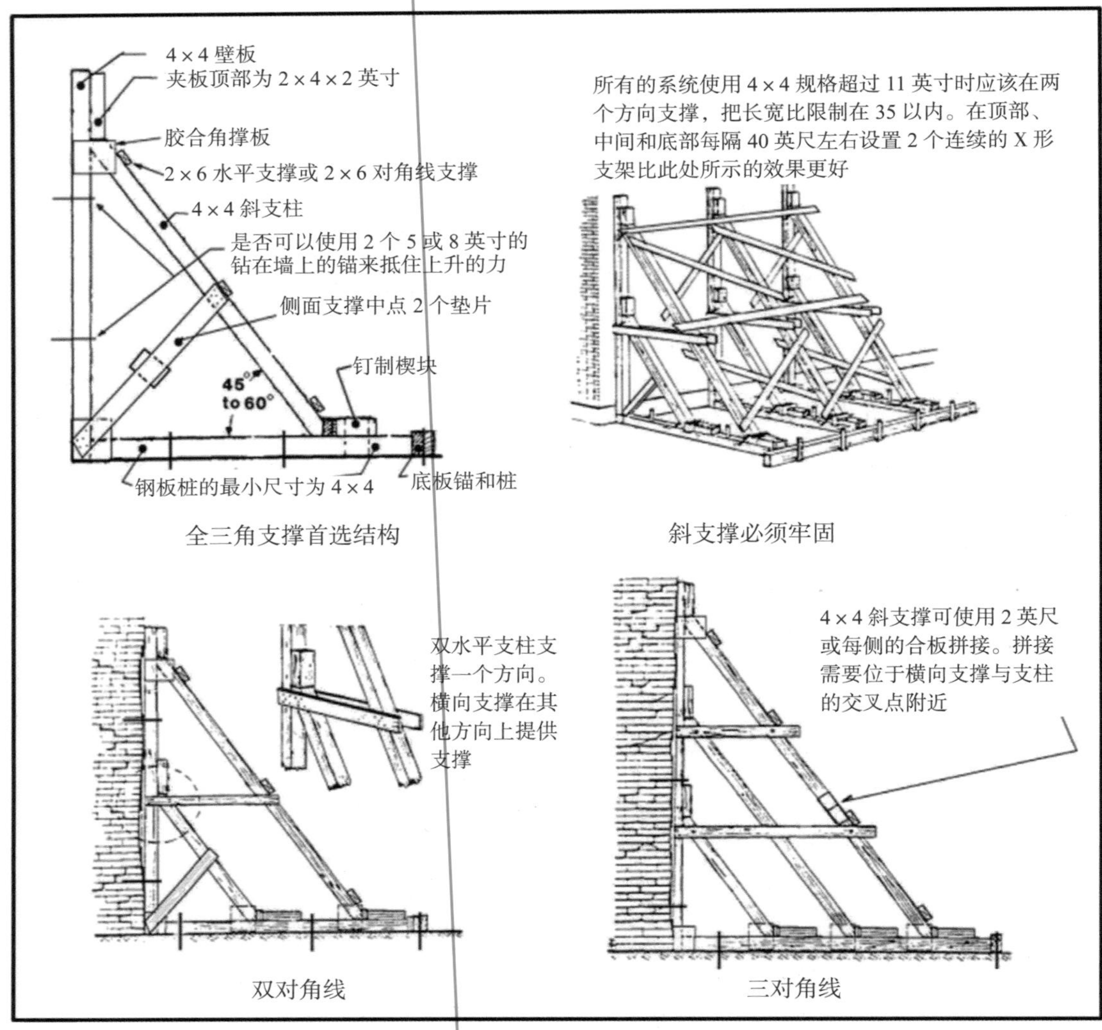

图 10–5　斜向支撑系统

六、钉链接

1. 钉子的规格尺寸

在木支撑系统中，所有的连接都是采用钉连接。工程师设计钉连接的方式，并根据钉子的剪切强度和木材的种类来制定相应的标准。不采用这个标准进行钉连接的木支撑系统可能达不到设计的承载能力。

木支撑系统的强度由钉子穿入承重木材的深度决定，钉子穿入承重木材的深度通常要求至少为钉子本身长度的一半以上（钉子必须穿过支撑的板材再进入承重的柱等）。工程上的钉连接由理论公式和实验的方法来确定。表 10–1 是钉子的规格尺寸及其承载力，工程师以此为依据来计算支撑系统需要钉子的数量。

表 10-1 钉子的规格尺寸及其承载力

钉子尺寸	钉子长度	钉子直径	剪切强度
8d	2.5 英寸（63.5 毫米）	0.113 英寸（2.87 毫米）	120 磅（54.43 千克）
10d	3 英寸（76.2 毫米）	0.128 英寸（3.25 毫米）	135 磅（61.23 千克）
短 16d	3.25 英寸（82.55 毫米）	0.128 英寸（3.25 毫米）	135 磅（61.23 千克）
16d	3.5 英寸（88.9 毫米）	0.135 英寸（3.43 毫米）	150 磅（68.04 千克）

2. 钉子的连接方式

为了确保钉入合适的钉子数量，必须遵循合理的钉连接方式来确保连接的完整。木材的尺寸决定了所用钉子的尺寸及钉连接的布置方式。除了个别特殊情况，通常情况下，8d 的钉子用来连接结构胶合板（或定向刨花板），16d 的钉子用来连接规格材。钉子的间距也是非常重要的：在钉连接布置方式中，经验法则是：5 英寸内布置 5 个钉子，或间距至少为钉子长度的一半，如图 10-6、图 10-7 所示。

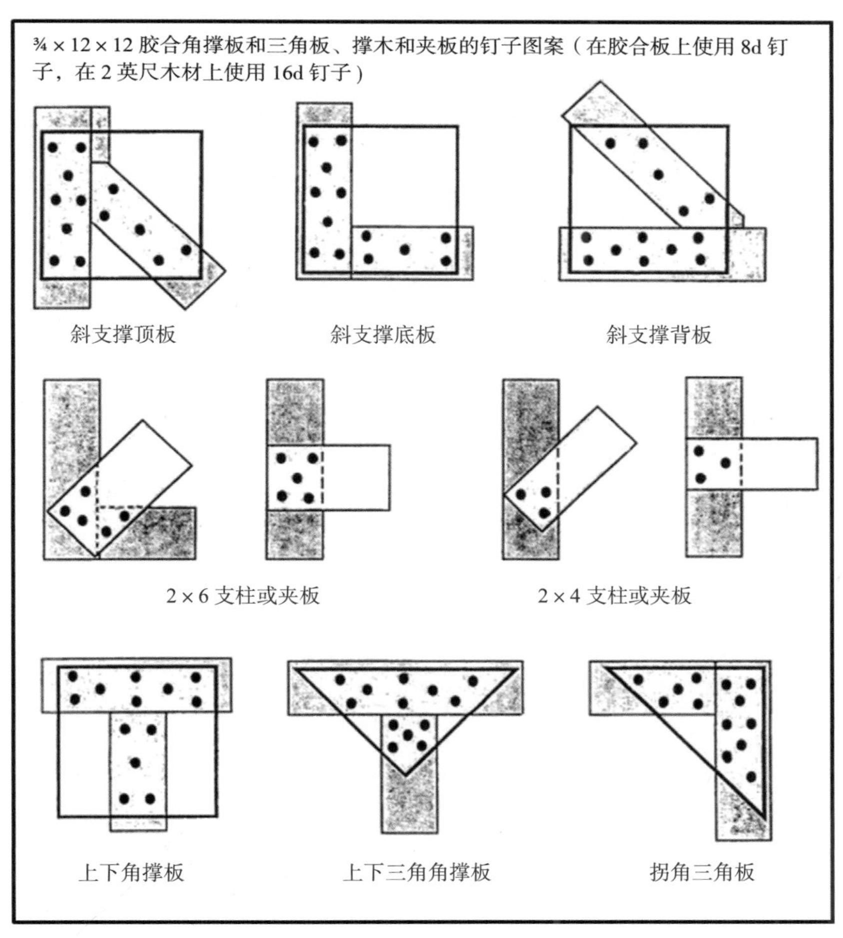

图 10-6 钉子的连接

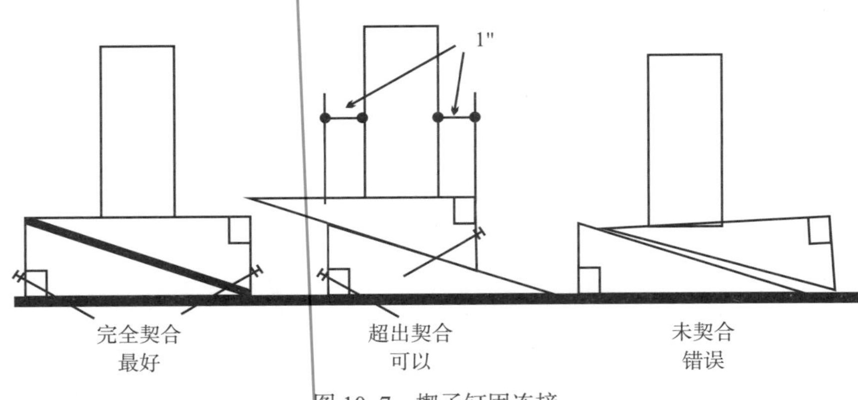

图 10-7 楔子钉固连接

3. 长宽比原则

我们采用长度 / 直径原则和一个简单的计算来确定支撑系统是否需要额外的支撑。这个额外的支撑可以通过中点支撑的方式或者搭建一个系统来避免破坏长度 / 直径原则。

对于专业救援人员，长度 / 直径原则意味着可以使用最少尺寸规格的锯材或规格材（2×4，4×4，6×6），对于结构工程师来讲，长度 / 直径原则是长度和直径的比值。

垂直构件的长度和直径比值是 25；三角斜支撑系统比值是 35；水平或对角支撑比值是 50。这些长度和直径的比值提供了一个 2 倍的安全系数，图 10-7 为楔子钉固连接。例如：4×4 的垂直柱设计为可支撑 8000 磅（3628.74 千克），当它遵守长度和直径的比值是 25 的原则时，从理论上讲具有 2 倍的安全系数，它可以在 16000 磅（7257.48 千克）时才会失效。

第三节 支撑装备介绍

荷马特动力支撑杆（POWERSHORE STRUT） AS 3 L 5+（图 10-8）。

型号：AS 3 L 5+。

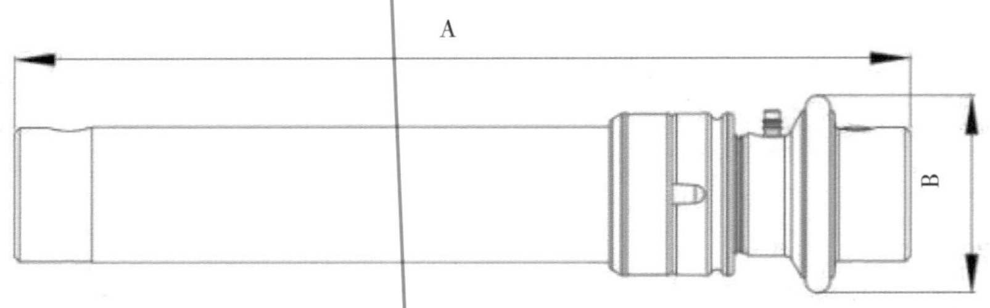

图 10-8 荷马特动力支撑杆

最大工作压力：8 巴 （ 0.8 兆帕）（116 磅力 / 平方英寸）

自锁系统：防松螺母构造

动力类型：气动

可收缩长度：574 毫米（22.6 英寸）

自长：252 毫米（9.9 英寸）

工作压力下顶起力：4 千牛（0.4 吨）

自重：7.3 千克（16.1 磅）

控气阀 HDC 8（图 10–9）。

图 10–9　控气阀 HDC 8

工作气压：8 巴（116 磅力 / 平方英寸）

自重：1.7 千克（3.7 磅）

长宽高：270 毫米 × 164 毫米 × 53 毫米（10.6 英寸 × 6.5 英寸 ×2.1 英寸）

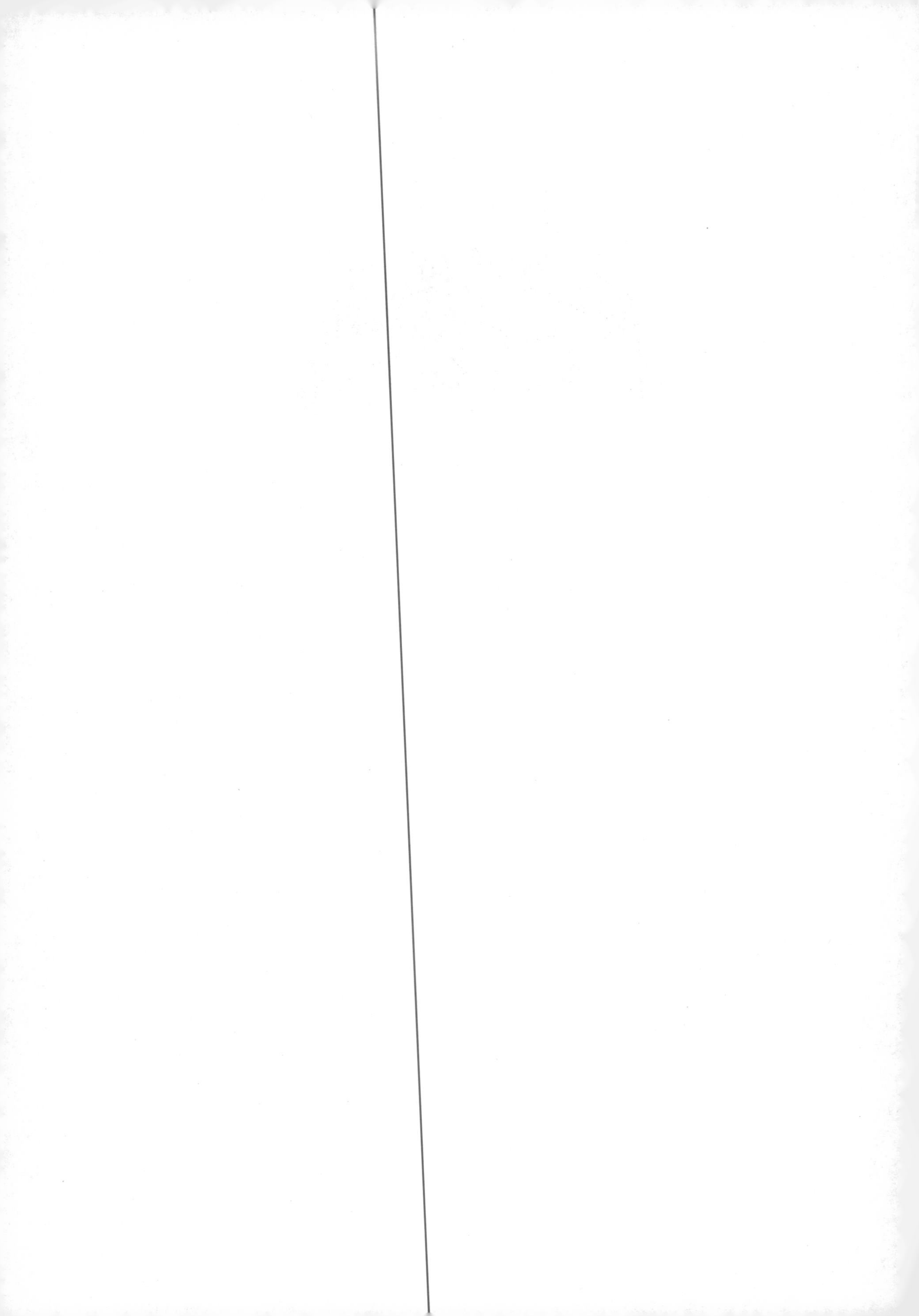

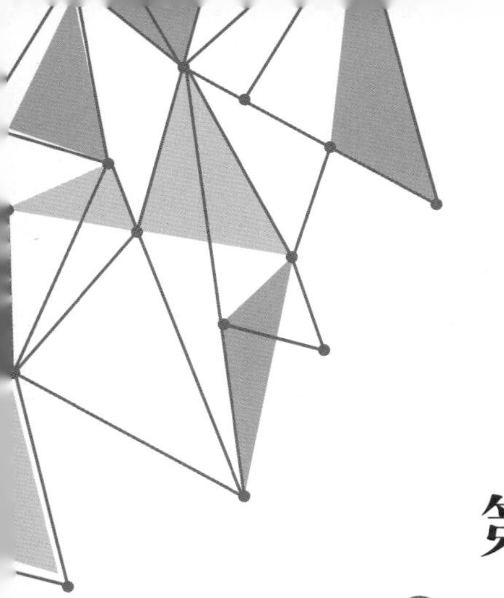

第十一章

绳索救援技术与装备操作

简介和概述

本章重点讲述了在绳索系统上的位移及简单操作等内容。

本章结束时，你能够掌握在绳索系统上的位移及简单操作技能，包括：

◎ 绳索救援装备的认知与保养存储常识

◎ 简单绳索系统的搭建

◎ 限位保护

本章讨论和实践的主题包括：

◎ 绳索技术基本原则和安全守则

◎ 绳索装备介绍与操作

◎ 基础绳结与锚点制作

◎ 滑轮组制作与应用

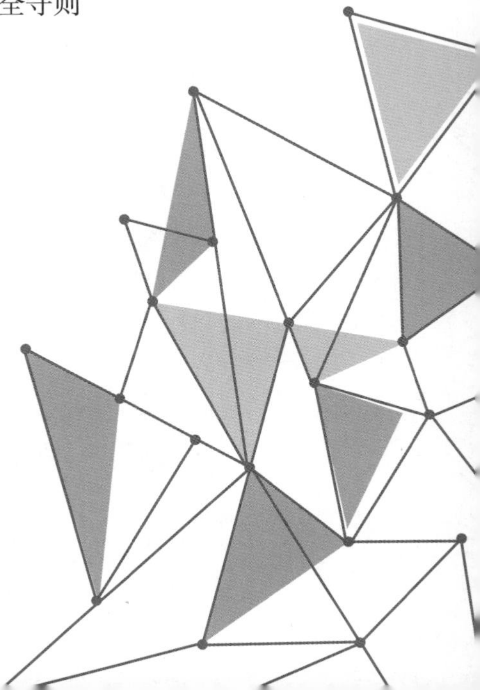

第一节　绳索技术基本原则和安全守则

一、绳索技术基本原则与安全守则

1. 绳索救援的基本原则（11 个）

（1）安全第一。

（2）简单安全。

（3）练习。

（4）预先计划。

（5）后援方案。

（6）使用对的装备。

（7）记录。

（8）标准化。

（9）别指望受困者自救。

（10）接触就不要放开。

（11）现场不要尝试新的东西。

2. 绳索技术的安全守则

（1）风险的观念：①分析危险因素；②风险评估；③风险管理；④高角度及低角度。

（2）救援人员操作观念：①操作现场管理；②坠落确保概念；③坠落系数；④简化、易于学习、记忆、回想与操作；⑤熟练与体力的重要性。

二、低角度及高角度救援的区分

1. 低角度救援

（1）0°～40°。

（2）救援人员可以站立。

（3）绳子的主要作用是保护绳索。

在低角度运送的情况下，多名救助人员站在担架两侧地面上，当提升系统推拉担架和救援人员向上运动时，救援人员将担架提离地面并控制其运动。当担架下降时，救援人员可以拖着或抬着担架向下移动。

低角度担架运送，救援人员可以利用一根单独的可调节扁带与担架相连，更好地稳固担架，并且使用起来更灵活。方法是利用可调节扁带系在担架头部两侧，与担架竖直状态地缚着类似。

需要注意的是，若是使用塑料篮形担架，运送扁带必须系在担架内侧钢杆上，不能只是通过前面的手握点，防止全部负荷都在担架的塑料部件上。

2. 高角度救援

（1）60°~90°。

（2）拯救人员不能站立。

（3）绳索的作用，是承受人员的力量。

将角度陡峭以至于担架和救助人员的重量主要由绳索来承受的情况定义为高角度运送，有时又称为垂直运送。为了使被困人员舒适并易于救助人员照料，担架通常处于水平位置。

高角度护送用于悬崖和建筑物的侧面，同时在坚硬的地面上，护送路线与水平线的夹角大于 60° 时，采用高角度运送。在绳索救援行动中，高角度运送方式应用较为广泛。

3. 冲坠系数的概念（表 11–1）

（1）冲坠系数 = 冲坠距离 / 使用绳索长度（图 11–1）。

（2）系数越大，瞬间力量越大力越大。

（3）绳索可能受损断裂。

（4）若大于 0.3，则可能伤害人体。

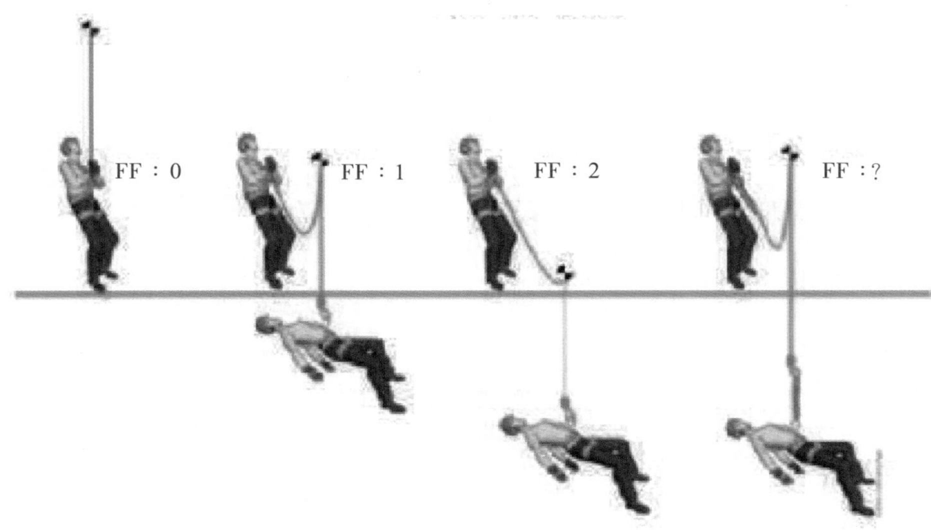

图 11–1　冲坠系数的分析

表 11–1　下坠动能与距离的关系表

距离 /m	时间 /s	速度 /（m/s）	动能 /J
1	0.45	4.4	1936
2	0.63	6.3	3969
5	1	9.9	9801
10	1.4	14	19600

第二节　绳索装备介绍与操作

1. 主锁（图 11–2）

（1）主锁不能用于三向受力。

（2）主锁不能用于与山崖的边缘或者建筑边缘接触的情况。

（3）主锁分自动锁、手动锁和无锁式。

（4）主锁的最佳承重方式是左右受力。

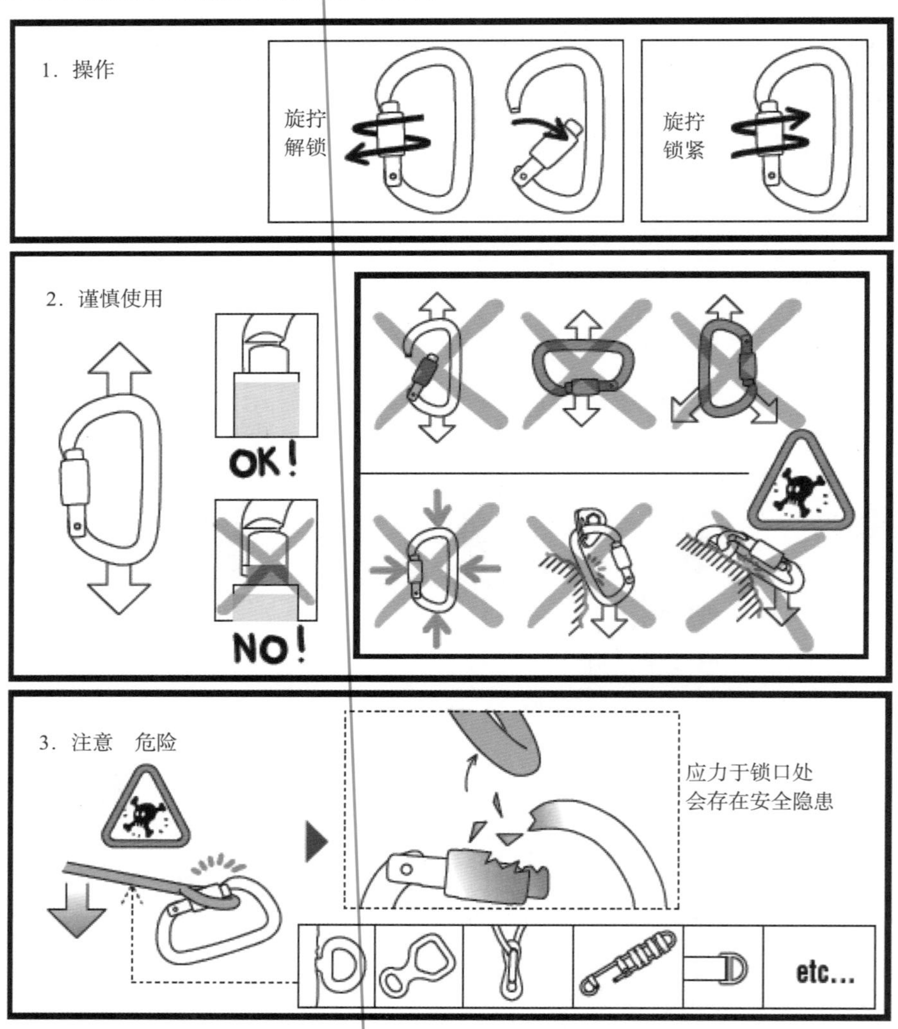

图 11–2　主锁的使用说明

2. 止坠器（图 11–3）

（1）止坠器可以承受很大的冲力。

（2）止坠器需要正确的配置。

（3）止坠器无法充当下降器或者上升器。

（4）止坠器的缓冲带可能会受到磨损，应妥善保存。

（5）止坠器的悬挂重量不能超过本保护器说明的荷载标准。

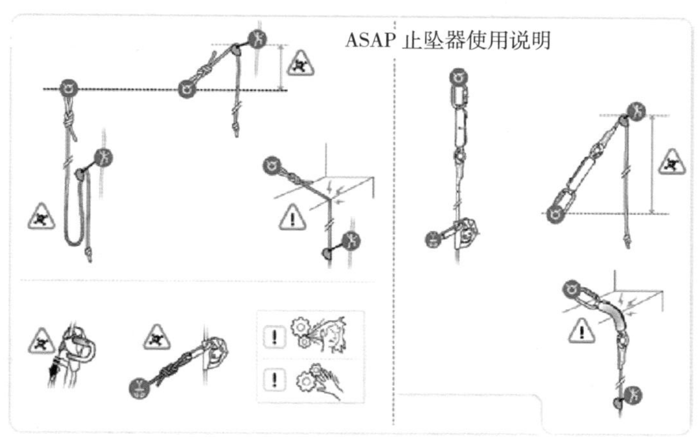

图 11–3 止坠器的使用说明

3. 下降器（图 11–4）

（1）下降器的种类非常繁多。

（2）有些下降器在使用时需要特别注意佩挂方式，否则将导致严重后果。

（3）下降器都具有锁死功能，可以保证使用者悬停于空中。

（4）下降器的承载力有限，不同品牌的下降器承载力差距很大。

（5）下降器使用需注意绳索直径。

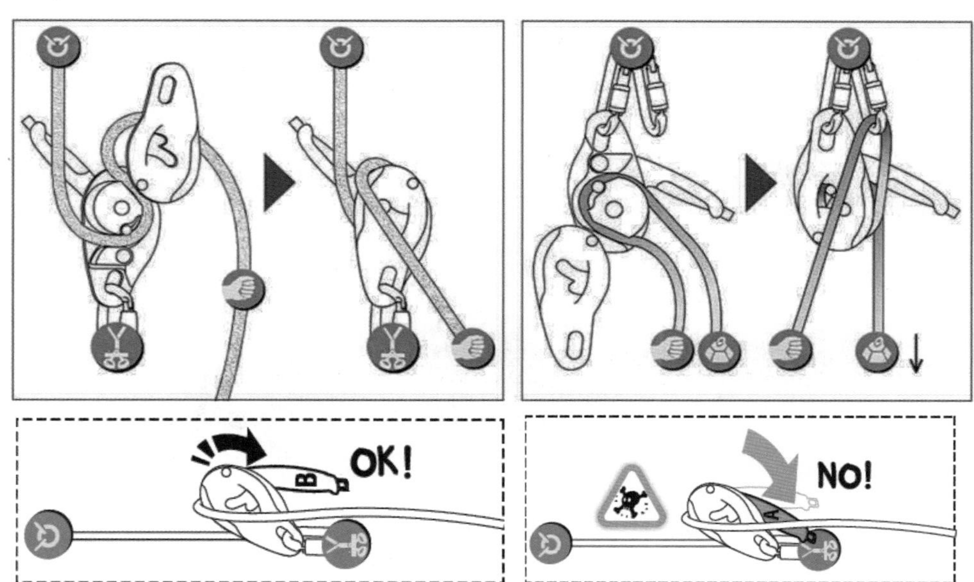

图 11–4 下降器的使用说明

4. 上升器（图 11–5）

（1）上升器在误操作情况下会割伤绳索。

（2）上升器结构相对简单。

（3）上升器往往需要辅助绳索。

（4）上升器往往无法完成抓结的作用。

图 11–5　上升器的使用说明

第三节　基础绳结与锚点制作

一、基础的绳结

1. 单环八字结（图 11–6）

（1）环状结，绳结力量损失率更低。

（2）易于使用和制作。

（3）简单且不容易误操作。

图 11–6　单环八字结

2. 双环 8 字节（图 11–7）

（1）环状结，绳索力量损失率较高。

（2）易于使用，不易于制作，可用于多锚点制作。

（3）需要很长的绳索。

图 11-7　双环 8 字节

3. 反手结（图 11-8）

（1）简单的绳结。

（2）力量损失率极低。

（3）极为易于使用。

图 11-8　反手结

4. 普鲁士抓结（图 11-9）

（1）阻止结。

（2）可以利用其接卸原理用于制动。

（3）多次使用可能会磨损。

（4）一般使用较为细小的绳索来制作。

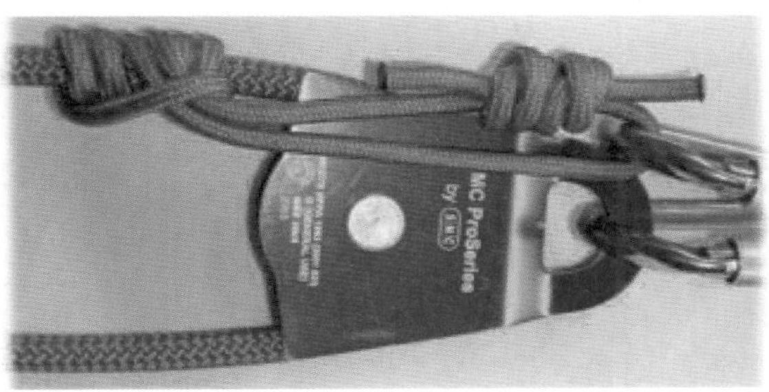

图 11-9　普鲁士抓结

5. 双渔夫结（图 11–10）

（1）非常紧密的连接绳结。

（2）将两条一样的绳索连接在一起。

（3）无法拆开。

（4）越用力越紧。

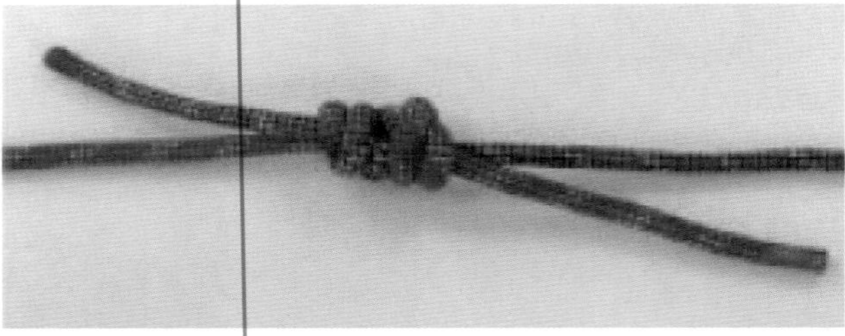

图 11–10 双渔夫结

6. 蝴蝶结（图 11–11）

（1）中段锚点结。

（2）很容易制作。

（3）很容易拆解。

（4）可以根据需要制作多个。

（5）不需要绳头来制作。

（6）受力很平均。

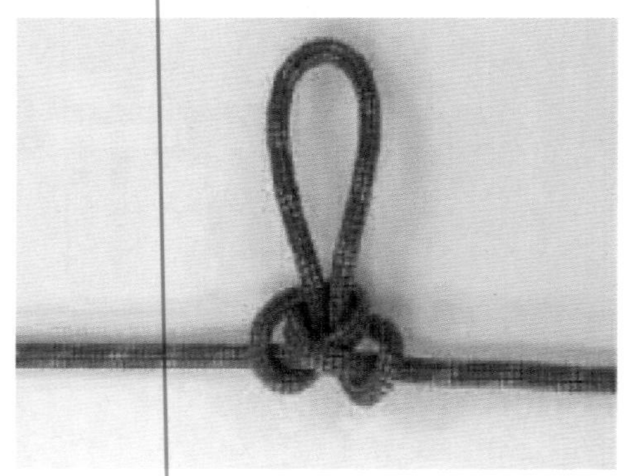

图 11–11 蝴蝶结

二、锚点的制作和使用

1. 单锚点（图 11–12）

（1）单锚点的承受力可能较小。

（2）单锚点的制作很快。

（3）部分单锚点受到侧向力会偏移。

（4）单锚点的锚固结构选取很重要。

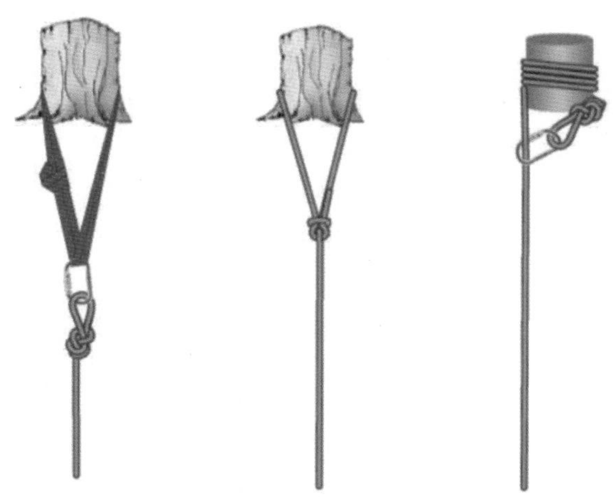

图 11-12　单锚点

2. 多点锚点（图 11-13）

（1）多点锚点的承受力较为平均。

（2）多点锚点不容易产生偏移。

（3）多点锚点的安全系数较高。

（4）多点锚点每个点间形成的角度不能超过 120°　。

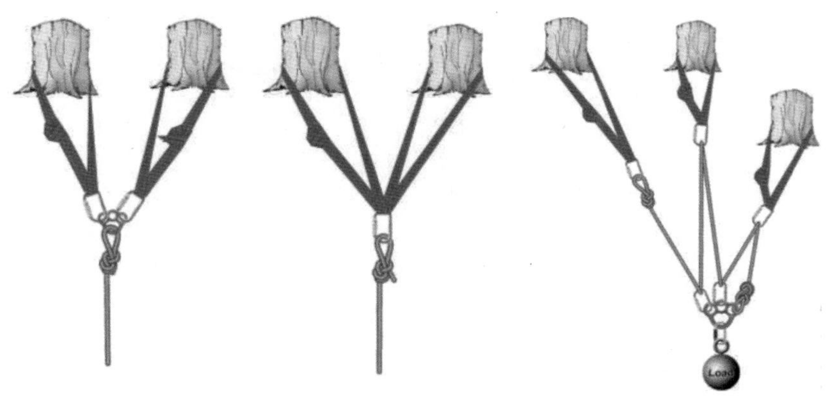

图 11-13　多点锚点

第四节 滑轮组制作与应用

滑轮组

简单滑轮组的力量损失率较低

滑轮组可以节省大量力，但是浪费更多绳索

滑轮组的定滑轮需要固定在足够安全的锚点上

在制作滑轮组时不要选取低效率滑轮

要计算到每个点的承受力，如果超过了承受力，使用滑轮组可能导致严重后果

复杂滑轮组不一定比简单滑轮组更省力

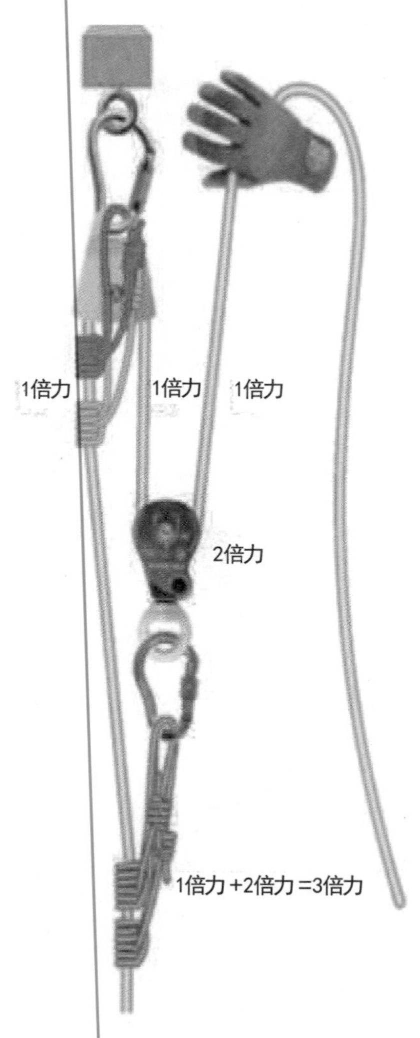

图 11–14 简单滑轮组系统（三倍省力系统）

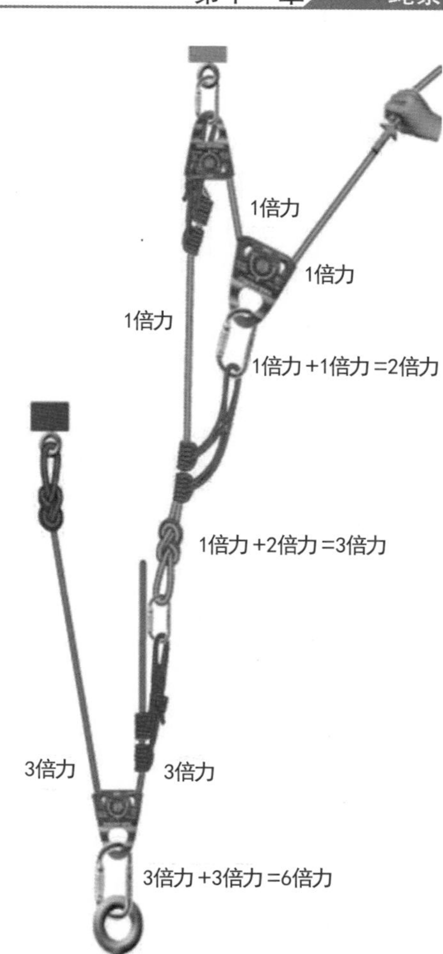

图 10-15　复杂滑轮组系统（六倍省力系统）

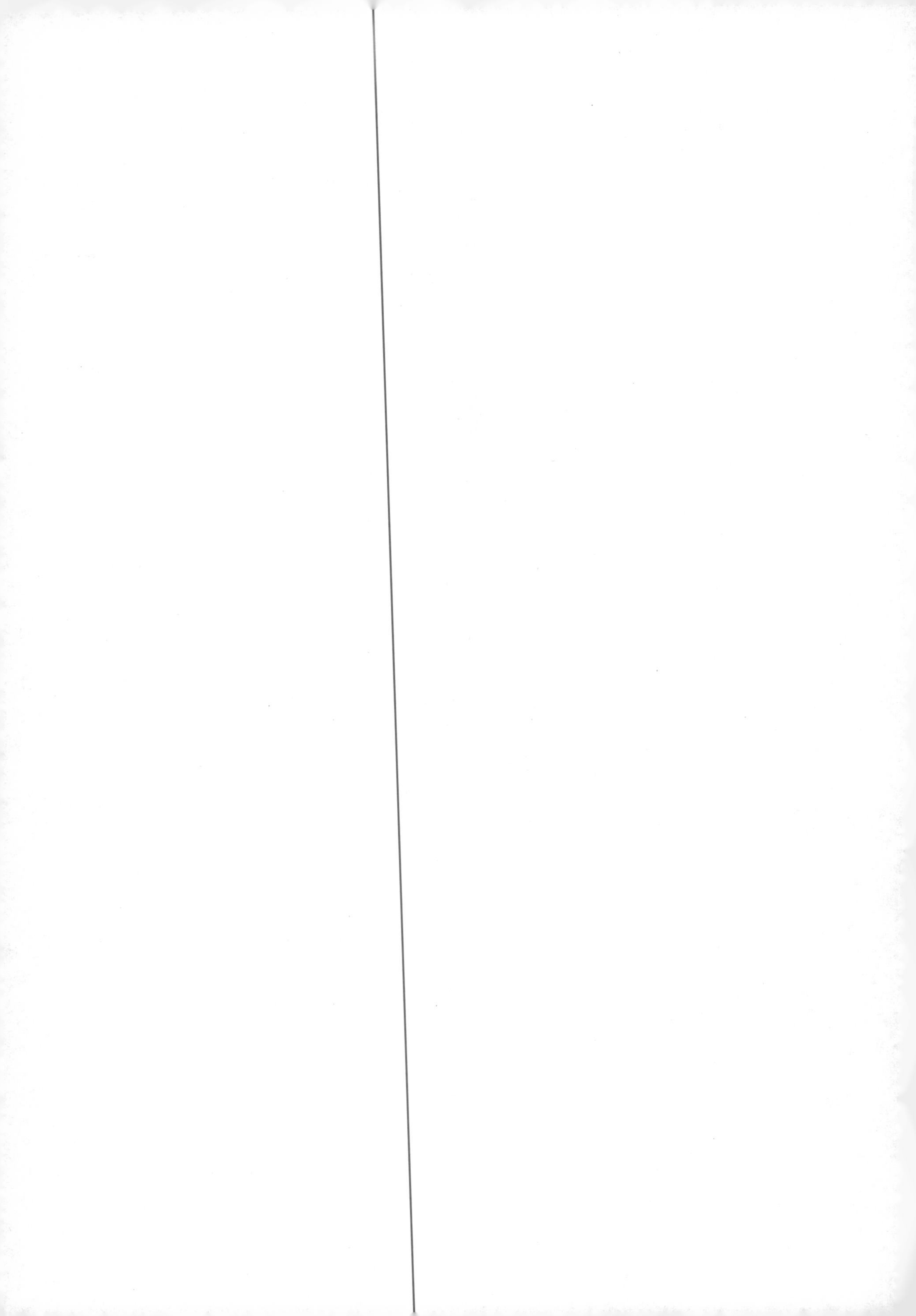

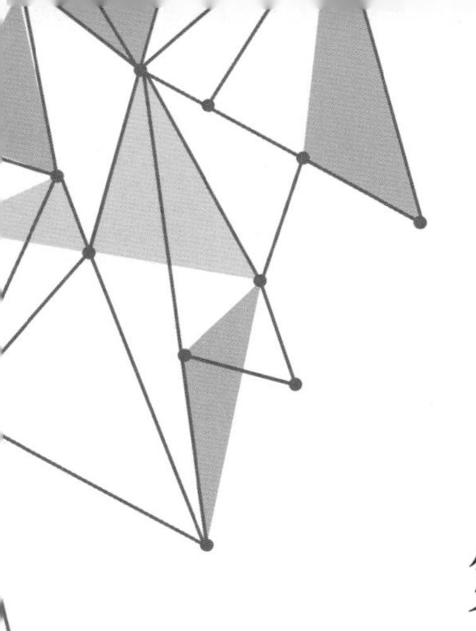

第十二章

障碍物移除技术与装备操作

简介和概述

本章重点讲述了什么是障碍物移除技术以及如何在建筑坍塌环境下运用移除技术进行生命营救。

本章结束时，你能够利用移除技术清除救援通道上的障碍物，包括：

◎ 快速评估障碍物自重，选取合理移除装备

◎ 掌握固定点的位置选取和制作

◎ 与绳索技术的结合运用

本章讨论和实践的主题包括：

◎ 移除技术概述及装备介绍

◎ 移除装备分类

◎ 移除作业基本步骤

◎ 移除装备演示和操作

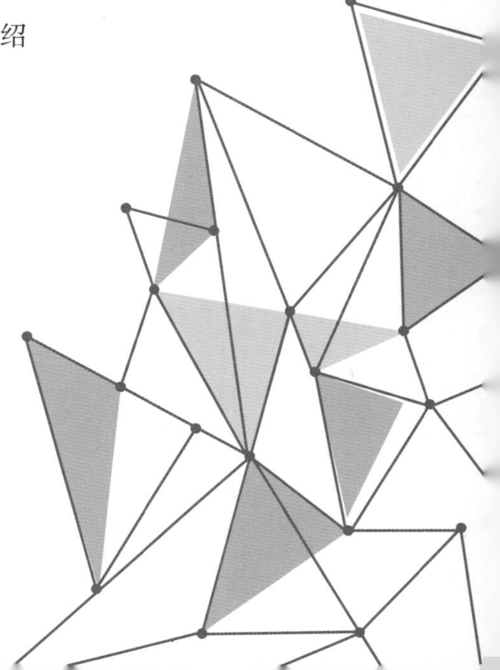

第一节 移除技术概述及装备介绍

障碍物移除技术是指利用各种装备在创建营救通道过程中清理瓦砾和移开体积较大的障碍物的综合技术。

在应对建筑坍塌移除救援行动中，掌握一些基本的物理学原理可以大大提高移除行动的安全性和效率：

（1）摩擦力。

（2）重心。

（3）不同材料障碍物的重量估算。

（4）常用的省力系统。

一、摩擦力

1. 摩擦力和阻力原理

处在两个物体接触表面之间的力。

力的作用方向与它们之间的相对运动方向相反。

物体的重量（重力）越大，摩擦力越大。

2. 与摩擦有关的基本概念

（1）两个接触表面越平滑，这些表面之间的摩擦越少。

（2）液体可以减少两个表面之间的摩擦（除非太大的表面张力）。

（3）具有圆形表面的材料会减少物体之间的接触，通常会降低摩擦。

（4）减小两个物体之间接触表面积可以减少摩擦力，特别是当接触面粗糙时。

（5）吊升操作通常仅涉及吊升物体的一侧，这减少了接触表面上的重量并且因此降低了摩擦力。

3. 减少摩擦的方法

（1）液体。

（2）滚筒 / 管道 / 车轮。

（3）提升物体一侧以减少接触面上的负荷。

（4）减小粗糙接触面的尺寸。

4. 摩擦和平衡

（1）摩擦力是作用于物体的外力，使其达到平衡状态。

（2）救援人员可以改变物体的摩擦力，使重力与摩擦力相拮抗：

① 摇摆运动；

② 使表面变小（倾斜升降）；

③ 降低接触表面上的重量。

（3）当物体在倾斜平面上时，摩擦力可以克服重力，使物体保持在原位。

二、重心

重心的概念：物体的整个重量垂直向下作用的点 = 平衡点。重心在三轴的交界处，如图 12–1 所示。

X 轴 = 水平，左右方向

Y 轴 = 垂直，上下方向

Z 轴 = 水平，前后方向

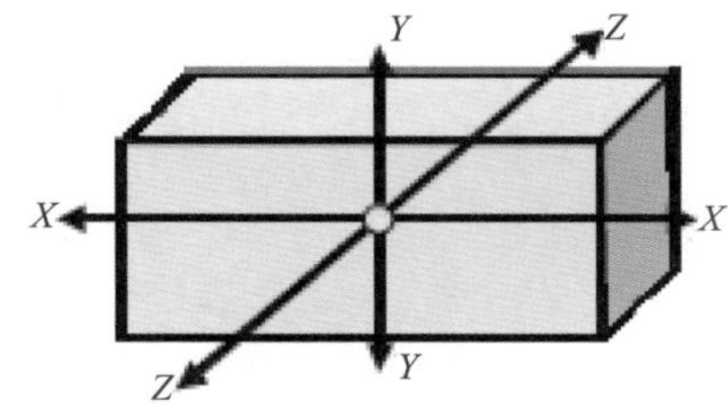

图 12–1　重心位置图

（1）负载的重量完美平衡或分布在重心周围。

（2）如果负载在重心上，就可以毫不费力将它朝任何方向转动。

（3）如果将负载吊升到重心的右侧 / 左侧，它将以一定角度倾斜。

（4）如果负载吊升到重心以下，负载的重量将高于提升点，负载将翻转。

（5）重要的是，要将负载吊升在负载重心的上方。

三、不同材料障碍物重量的估算

负载估计是确定您将需要进行提升的设备类型或负载是否在您现有设备的能力范围内的第一步。此外，您可能需要估计一个对象的重量，以确定需要多少支架来支持它。

使用普通建筑材料的重量，工程师、重型索具和救援专家可以使用一些相当简单的公式计算给定材料的各种大小物体的重量。

（1）要计算一个物体的平方英寸（平方毫米），我们用一个物体的长度（英寸 [毫米]）乘以宽度（英寸 [毫米]）。

（2）要计算一个物体的平方英尺（平方米），我们用一个物体的长度（英尺 [米]）乘以宽度（英尺 [米]）。

（3）要计算一个物体的立方英尺，我们用长度（英尺 [米]）乘以宽度（英尺 [米]）乘以高度（英尺 [米]）。

利用上述公式，我们可以计算出一个矩形混凝土物体的重量。为此，我们首先以立方英尺计算它的大小。

四、常用的省力系统

省力系统具有如下特点：

（1）由斜面、杠杆、滑轮、齿轮、绳索、吊带和 / 或凸轮组成。

（2）具有预定运动的刚体或阻力体。

（3）能够完成做功。

（4）能量通过一个源施加到这些机械上，从而使这些机械能够做有效功。

（5）与仅靠人力做功相比，用机器做功更有效率。

1. 斜面

斜面是一种简单机械，可用于克服垂直提升重物之困难，省力但是费距离，例如：坡道，木楔，螺纹。距离比和力比都取决于倾角：斜面与平面的倾角越小，斜面较长，则省力越大，但费距离，如图 12–2 所示。

行程长度除以高度 =MA（机械效益），13/5=2.6=2.6 ：1MA

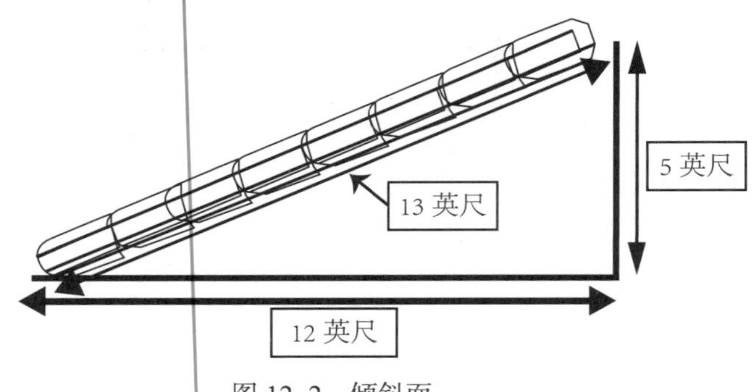

图 12–2 倾斜面

通过移动的距离产生的能量使用效率 = 机械效益

使用缓坡 = 使物体移动一定距离的力较小

基于坡度和等级的荷载百分比，如图 12–3 所示：

（1）当一个物体在斜坡上静止时，救援人员必须确定在稳定过程中需要控制的负荷重量百分比。

（2）为了估计负载百分比，首先需要确定负载面与物体之间的阻力大小。

（3）基于坡度的近似重量，对应的折算摩擦见表 12–1。

表 12–1 基于坡度和等级荷载重量百分比

斜坡 / 等级	荷载重量百分比
45°	100
35°	60
25°	40
15°	25

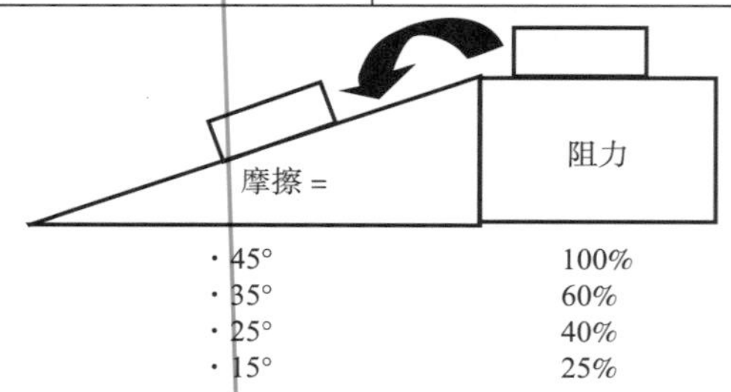

图 12–3 基于坡度和等级荷载重量百分比示意图

斜面的衍生机械如下：

（1）斜板。使用可移动式斜板，可以轻易地将货物装上或卸下密斗货车。滑梯是儿童游乐场常见的设施。靠着用滑梯坚硬表面的法向力抵抗重力，工业滑梯可以将易损坏物体（包括人体在内）安全快速地从高处滑下至低处。民用飞机的充气逃生滑梯能够允许乘客从飞机出口紧急撤离滑下至地面。

（2）螺旋。围绕着圆柱的斜面形成的简单机械。阿基米德螺旋机是古希腊哲学家阿基米德的许多发明与发现之一。从那时起，人们时常会使用阿基米德螺旋机来搬动很多不同种类的物质，如水、矿物、谷物等。

（3）楔子。两个背靠背的斜面组成的简单机械。楔子可以用来将物件分开，其操作原理主要是将作用于楔子向下的力转变为对物件水平的力，而这两个力几乎垂直。常见应用楔子原理的工具有斧头。

（4）单摆。由一条绳子与一个摆锤组成的实验仪器，其摆锤的运动轨迹是一个对称朝上的圆弧。这圆弧可以分割为很多小圆弧，每两个相邻的小圆弧最多只相交于一个端点。连接每个小圆弧的两个端点之间的线段称为弦。每个弦都可以视为斜面。令增加分割的数量至无限多，每一个小圆弧的弧长趋向为无穷小的极限，所得到无限多小圆弧的对应斜面会组成原本的圆弧。所以，在任意时间，单摆的摆锤可以想象为移动于某特定斜率的斜面。

2. 杠杆

在使用杠杆时，为了省力，就应该用动力臂比阻力臂长的杠杆，例如有一种用脚踩的打气机，或是用手压的榨汁机，就是省力杠杆（动力臂>阻力臂），虽然我们要压下较大的距离，但是受力端只有较小的动作；如果想要省距离，就应该用动力臂比阻力臂短的杠杆，例如路边的吊车，钓东西的挂钩在整个杆的尖端，尾端是支点、中间是油压机（动力臂<阻力臂），这就是费力的杠杆，但费力换来的就是中间的施力点只要动小距离，尖端的挂钩就会移动相当大的距离。因此使用杠杆可以省力，也可以省距离。但是，要想省力，就必须多移动距离；要想少移动距离，就必须多费些力。

杠杆的支点不一定要在中间，满足下列三个点的系统，基本上就是杠杆：支点、施力点、受力点。

其中公式这样写：动力 × 动力臂 = 阻力 × 阻力臂，即 $F_1 \times L_1 = F_2 \times L_2$ 这样就是一个杠杆。

两种杠杆都有用处，只需使用时评估是要省力还是想省距离。另外有种东西叫作轮轴，也可以当作是一种杠杆的应用，不过可能有时要加上转动的计算。

古希腊科学家阿基米德有这样一句流传千古的名言：“假如给我一个支点，就能撬起地球。”这句话不仅是催人奋进的警句，更是有着严格的科学根据的。

使用杠杆的作用：

（1）移动一个人所不能移动的负荷。

（2）牵引。

（3）抬高。

杠杆作用是指利用杠杆进行做功的手段：

（1）把力从一个地方转移到另一个地方。

（2）改变力的方向。

杠杆的应用：移动、牵引或拉动通常超出人类自身能力之外的负载，如图 12–4 所示。

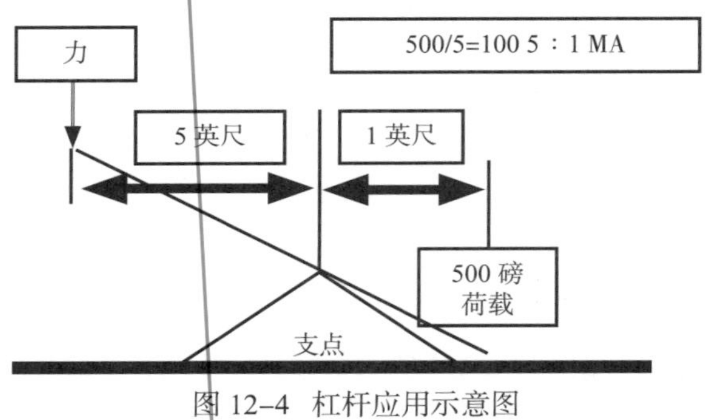

图 12–4 杠杆应用示意图

杠杆类别：

（1）第一类杠杆（图 12–5）。

此类杠杆的支点位于施加的力和重量（负载）之间。

MA（机械效益）：当需要确定的效益时使用。

例如：撬棍、起钉撬棒、钳子、剪刀（支点位于施加的力和荷载之间）。

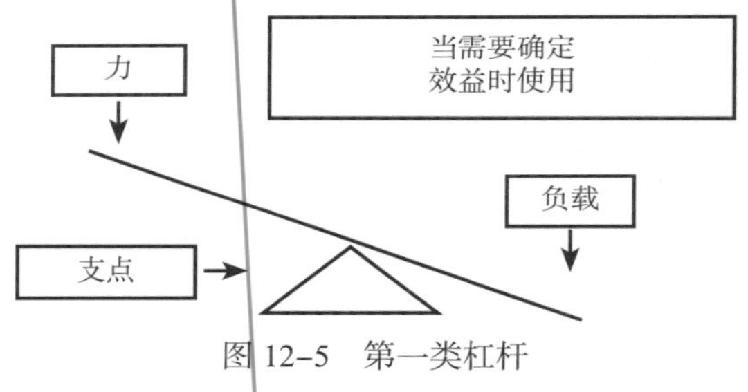

图 12–5 第一类杠杆

（2）第二类杠杆（图 12–6）。

此类杠杆的重量 (负载) 放在力和支点之间。

MA：用于在水平 / 近水平表面上移动重物的效益。

例如：手推车、家具推车（负载位于力和支点之间）。

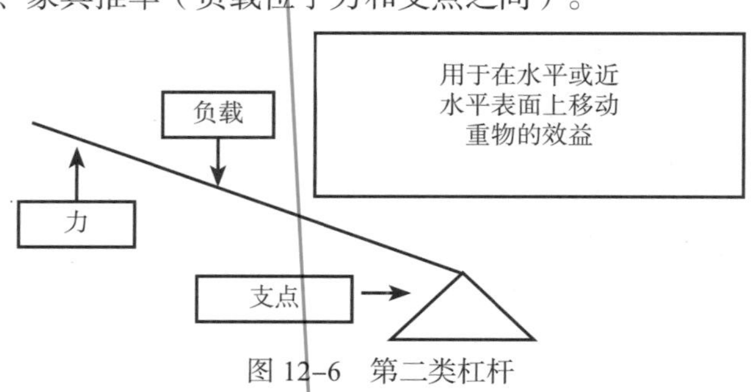

图 12–6 第二类杠杆

（3）第三类杠杆（图 12–7）。

此类杠杆的力放置在支点和重量（负载）之间。

MA: 当力作用效果为距离时使用。

例如：扫帚、铲子、棒球棒、镊子（力位于在支点和负载之间）。

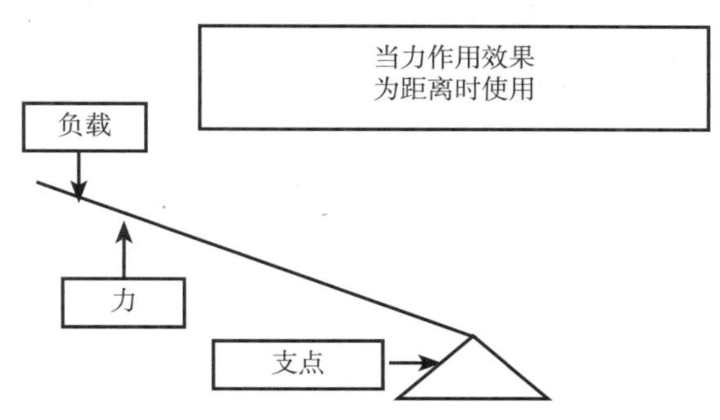

图 12-7 第三类杠杆

3. 滚轴（木、钢管等）

滚轴全称滚动轴承，是将运转的轴与轴座之间的滑动摩擦变为滚动摩擦，从而减少摩擦损失的一种精密的机械元件。作用是支撑转动的轴及轴上零件，并保持轴的正常工作位置和旋转精度。滚动轴承使用维护方便，工作可靠，启动性能好，在中等速度下承载能力较强。与滑动轴承比较，滚动轴承的径向尺寸较大，减振能力较差，高速时寿命低，声响较大。

滚动轴承一般由内圈、外圈、滚动体和保持架四部分组成，内圈的作用是与轴相配合并与轴一起旋转；外圈作用是与轴承座相配合，起支撑作用；滚动体是借助于保持架均匀的将滚动体分布在内圈和外圈之间，其形状大小和数量直接影响着滚动轴承的使用性能和寿命；保持架能使滚动体均匀分布，引导滚动体旋转，起润滑作用。

4. 楔子（图 12-8）

楔子的特点：

（1）花旗松或南方松。

（2）容易缓慢压碎。

（3）提供故障的预先警告。

（4）最大承载能力为每平方英寸 500 磅。

楔块模组：

（1）紧贴或拉紧负载。

（2）改变方向。

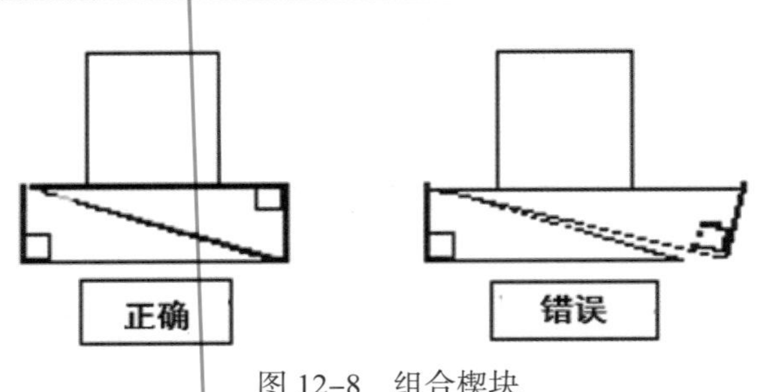

图 12-8　组合楔块

5. 千斤顶

千斤顶是指用刚性顶举件作为工作装置，通过顶部托座或底部托爪的小行程内顶开重物的轻小起重设备。千斤顶主要用于厂矿、交通运输等部门作为车辆修理及其他起重、支撑等工作。其结构轻巧坚固、灵活可靠，一人即可携带和操作。

千斤顶分为液压千斤顶和机械千斤顶，原理各有不同。液压传动所运用的最基本的原理就是帕斯卡定律，也就是说，液体各处的压强是一致的。这样，在平衡的系统中，比较小的活塞上面施加的压力比较小，而大的活塞上施加的压力也比较大，这样能够保持液体的静止。所以通过液体的传递，可以得到不同端上不同的压力，就可以达到变换的目的。人们常见到的液压千斤顶就是利用了这个原理来达到力的传递。机械千斤顶以往复扳动手柄，拔爪即推动棘轮间隙回转，小伞齿轮带动大伞齿轮，使举重螺杆旋转，从而使升降套筒获得起升或下降，而达到起重拉力的功能，但不如液压千斤顶简易。

千斤顶按结构特征可分为齿条千斤顶、螺旋千斤顶和液压（油压）千斤顶三种。按其他方式可分为分离式千斤顶、卧式千斤顶、爪式千斤顶、同步千斤顶、油压千斤顶、电动千斤顶等。其中常用的千斤顶有螺旋千斤顶、液压千斤顶、电动千斤顶等。

（1）螺旋千斤顶。螺旋千斤顶的螺纹无自锁作用，装有制动器。放松制动器，重物即可自行快速下降，缩短返程时间，但这种千斤顶构造较复杂。螺旋千斤顶能长期支持重物，最大起重量已达 100 吨，应用较广。下部装上水平螺杆后，还能使重物做小距离横移。

（2）液压千斤顶。用于液压传动系统中做中间介质，起传递和转换能量作用，同时还起着液压系统内各部件间的润滑、防腐、冷却、冲洗等作用。

（3）电动千斤顶。这种千斤顶内部装有保压装置，防止超压。如果超压，千斤顶就会回不到一定位置，这种特殊结构对千斤顶能起到双重保护作用。千斤顶装上俯冲装置后，可实现低高度达到高行程的目的。

千斤顶是一种安全可靠的起重设备，一般情况不会出现问题，但是在使用时也有以下注意事项：

（1）一般千斤顶的工作介质为 YB–N32 液压油，环境温度低于 10℃时，可改用 YB–N22 液压油，环境温度高于 40℃时，可改用 YB–N46 液压油。

（2）工作中油箱的液面应始终保持在油标的中心线上，以防油泵吸空。加油时，应用 120 目滤油网滤去新油中杂质。经常使用时，每两个月清洗一次滤油器，半年清洗一次油箱，同时更换新油。

（3）千斤顶油泵正常工作温度为 10 ~ 50℃。油温过高时，需采取冷却措施或停泵；油温过低时，需采取加温措施或低压运转来提高油温。

（4）电动机启动前，需将换向阀换至中半位。点动数次，以防高压泵吸空，排除空气后方可使用。

（5）泵出厂时调定的工作压力不得任意提高。

（6）高压胶管出厂时，均经过额定压力 1.25 倍的耐压试验。由于胶质的老化，用户长期使用时，应注意定期检查，半年检查一次。当检查做耐压试验时，发生渗漏、凸起或爆破情况下，必须更换。使用时，应避免打折和出现急弯，同时不可离胶管太近，以防爆破甩起伤人。固定场合，可用钢管代替。

(7) 泵每年检修一次。全部零件用煤油清洗，注意保护千斤顶的各配合表面，不得任意磕碰，装配后，各运动件应运动灵活，无局部卡阻。

第二节 移除装备分类

在建筑坍塌救援中，移除技术应用也较为广泛，通常我们将移除装备分为三类：简易工具或徒手、专业移除救援装备、大型机械。下面简要介绍前两种。

一、简易工具或徒手

在进行建筑物坍塌救援时，生活中有很多简易工具可以应用到救援当中，例如圆木、钢管、撬棍等，通过滚动或撬动等方式，进行障碍物移除操作。如果周围没有适当工具，我们也可以多人合作进行徒手移除作业，如图 12-9 所示。

图 12-9 简易移除工具

二、专业移除救援装备

1. *液压扩张器*（图 12-10）

液压扩张器是抢险救援中最重要的工具之一，主要通过扩张 / 挤压 / 牵引来实现分离金属和非金属结构及障碍物的破拆工具。液压扩张器结构紧凑，重量轻，性能强劲。操作时将扩张器与液压站通过快速接口、高压油管连接起来，启动液压泵向扩张器提供一定压力的液压油，利用液体压力传递原理驱动活塞，活塞杆再通过连杆机械推动扩张臂，执行扩张与夹持金属或非金属结构作业。

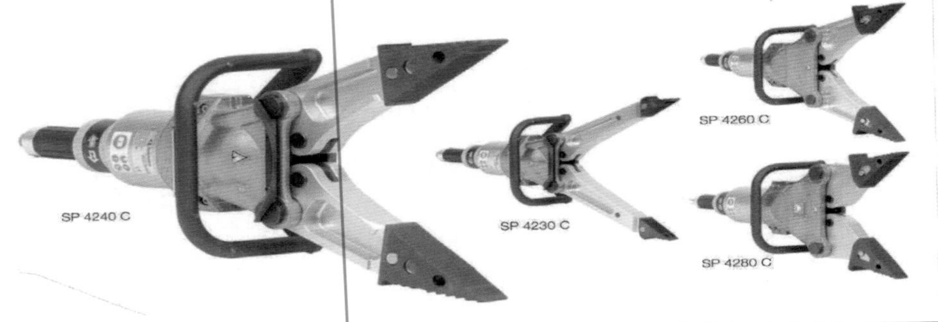

扩张器					
规格	SP 4230 C	SP 4240 C	SP 4241 C	SP 4260 C	SP 4280 C
EN 13204 等级	AS33/835–17.2	AS43/686–18.1	AS43/686–18.8	BS60/833–23.9	CS85/677–26.9
扩张距离 /mm	835	686	686	833	677
最大扩张力（kN/t）	86/8.8	206/21.0	331/33.7	269/27.4	397/40.5
收紧力（kN/t）	47/4.8	65/6.6	66/6.7	83/8.5	177/18.1
牵引力（kN/t）	53/5.4	90/9.2	90/9.2	107/10.8	143/14.5
重量 kg	17.2	18.1	18.8	23.9	26.9
加速阀 / 集成照明灯	√ / √	√ / √	√ / √	√ / √	√ / √

图 12–10　SP 系列扩张器及其参数

2. 钢丝绳牵拉器（图 12–11）

钢丝绳牵拉器也叫钢丝绳手扳牵引机，俗称手扳葫芦，是一种新型、高效、防护、耐用的机械产品，具有起重、张紧、牵引三大功能，机体紧凑、体积小、重量轻。采用二级齿轮传动，高速级为斜齿轮传动，因而传动平稳、噪声小，适用于局部空间受到限制的狭窄地带操作使用，特别适合于在救援现场无动力源状况下使用。

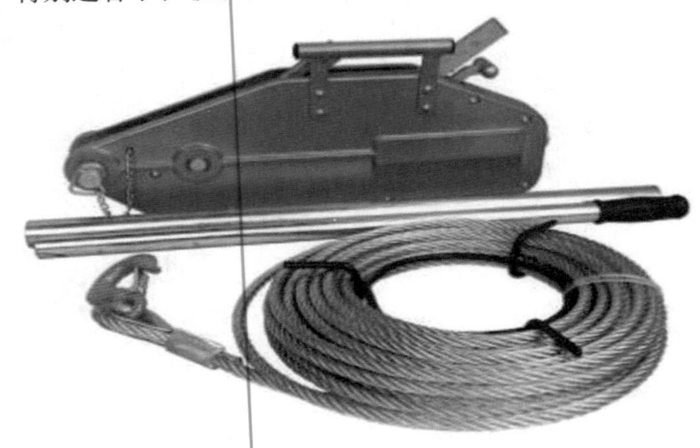

型号	S08	S16	S35
额定负荷 /kg	800	1600	3200
额定负荷牵引 /kg	1250	2500	5000
钢丝绳直径 /mm	8	11	16
机体重量 /kg	6.6	13.5	25

图 12-11　钢丝绳牵引器及其参数

3. 液压顶杆（图 12-12）

液压顶杆是移除装备的一种，使用液压作为动力，用于支撑和牵拉移除重物的救援设备，适用于交通肇事、建筑物坍塌、空难等事故救援，通常在进入危险建筑物中实施救援前，需用液压顶杆来移除障碍物或支撑固定危险物，以保护救援者和被困者。

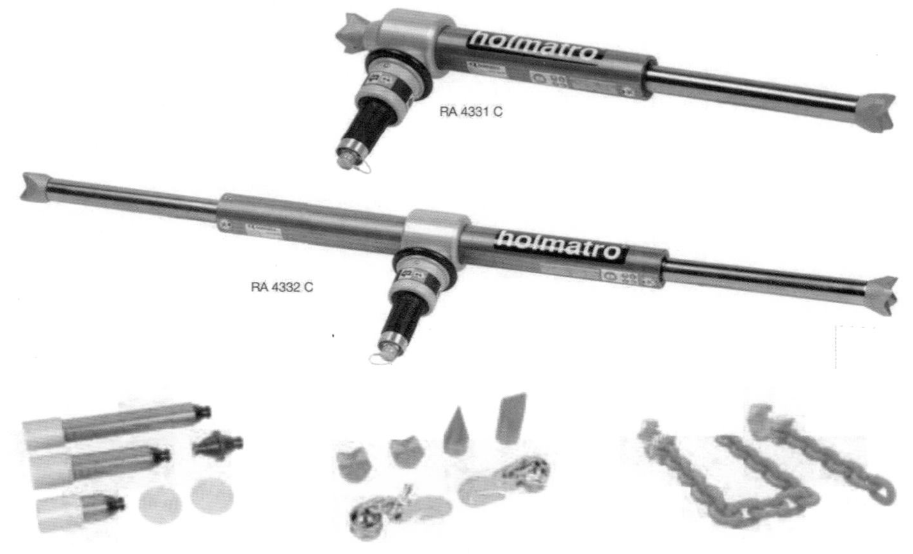

顶杆	单活塞		双活塞	
规格	RA 4321 C	RA 4331 C	RA 4322 C	RA 4332 C
EN 13204 等级	R161/250-11.1	R161/350-12.6	R161/480-15.4	R161/680-18.3
整个行程的扩张力（kN/t）	161/16.4	161/16.4	161/16.4	161/16.4
整个行程的牵引力（kN/t）	50/5.1	50/5.1	50/5.1	50/5.1
扩张 / 牵引行程 /mm	250	350	2 × 240	2 × 340
收缩 / 延伸长度 /mm	512/762	612/962	745/1225	945/1625
重量 /kg	11.1	12.6	15.4	18.3

图 12-12　荷马特 RA 系列液压顶杆、配件及其参数

第三节 移除作业基本步骤

在进行障碍物移除作业时，首先要判断现场环境是否安全，然后结合现场实际情况，根据密度表评估障碍物的重量，选择合适的移除装备。大型机械移除障碍应由已取得职业资格的人员操作机械。

1. 移除方法

一般采取由外向里、先小后大的顺序移除，移除前应检查、加固、支撑不稳定废墟。

（1）清除瓦砾。

（2）逐层移除。

（3）整体移除。

（4）分割移除。

2. 障碍物移除程序

（1）评估障碍物及周边废墟的稳定状况。

（2）评估障碍物的重量及体积。

（3）确定移除装备和方法。

（4）确定障碍物移除路线。

3. 注意事项

（1）避免废墟碎块或器械造成二次伤害。

（2）操作过程中做好个人安全防护。

（3）时刻观察现场结构是否发生变化。

（4）对被困者的心理干预。

（5）团队的指挥、协作。

（6）使用大型机械移除障碍物时，应由获得职业资格的人员操作机械。

第四节 移除装备演示和操作

一、液压扩张器

液压扩张器的使用方法如下：

（1）将扩张器快速接口通过高压油管与液压泵连接起来。

（2）启动液压泵。

（3）逆时针转动扩张器换向手柄，扩张臂张开，完成扩张作业；顺时针转动扩张器换向手柄，扩张臂闭合，完成夹持作业；松开扩张器换向手柄，手柄自动回到中位，扩张臂保持现有状态不变。

（4）无论是进行扩张作业还是进行夹持作业，一定要将扩张头的齿与被作业对象挂牢，如图 12–13、图 12–14 所示。

图 12–13 扩张（分离）示意图

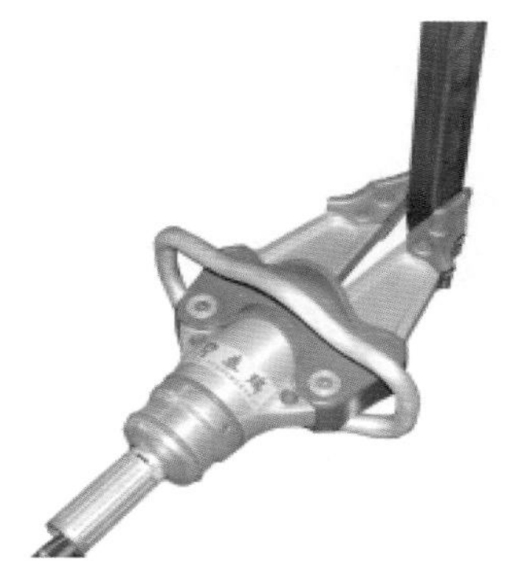

图 12–14 夹持示意图

二、牵拉器

牵拉器的工作原理是由两对平滑自锁的夹钳，像两只钢爪一样交替夹钢丝绳，作直线往复运动，从而达到在各种工程中担任牵引、卷扬、起重等作业。除能在水平、垂直方向使用外，它还能在斜坡、高低不平、狭窄的巷道、曲折转弯的工作条件下进行操作，也可以在任何地方及无电源的环境中使用，如图 12–15 所示。

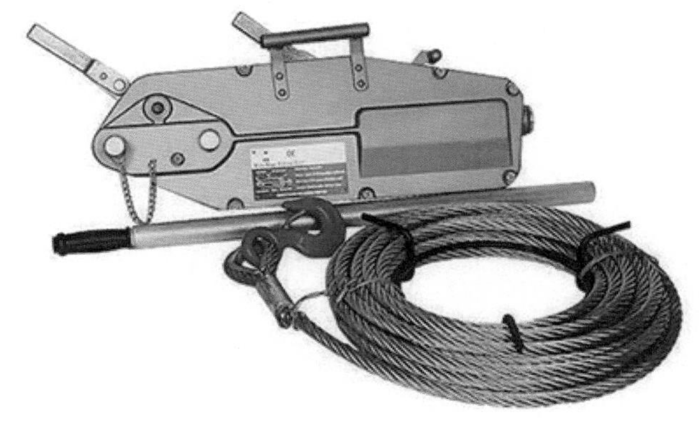

图 12–15 牵拉器

钢丝牵引器使用时的要求如下：

（1）牵拉重量不准超过允许荷载，要按照标记的重量使用。

（2）移除物体的固定锚点要确保牢固，能承受移动时所受的作用力。

（3）后方固定锚点要选取质量大并牢固的物体，如果后方没有锚点，可进行人工制作固定锚点。

（4）由于牵引器的工作原理是利用夹钳交替夹紧钢丝绳，所以要求使用钢芯的钢丝绳而不能用麻芯钢丝绳，因麻芯绳柔软而富有弹性，在夹钳夹紧后有易松动的现象，是不安全的。要经常检查钢丝绳有无磨损和扭结、断丝、断股，凡不符合安全使用的应及时更换。

（5）手扳葫芦使用前要做全面的检查与测验，使用后要维护保养。